U0172223

同济博士论丛
TONGJI Dissertation Series

总主编 伍 江 副总主编 雷星晖

周小卫 吴广明 著

纳米氧化钒基锂离子
电池阴极材料的制备及性能研究

Fabrication and Electrochemical Performance of Vanadium Oxide-based
Nanostructured Cathode Materials for Lithium Ion Batteries

同济大学 出版社
TONGJI UNIVERSITY PRESS

内 容 提 要

本书主要依托于溶胶凝胶法及水热法,以氧化钒溶胶为前驱体,采用有机胺为模版剂,碳纳米管和炭黑为导电复合剂及诱导剂,通过氧化聚合、离子替换或控温烧结后处理,获得了一系列具有纳米结构的氧化钒基锂离子电池阴极材料。这些材料均表现出自己优越且独特的电化学性能。本书可供材料相关专业师生及专业人士阅读。

图书在版编目(CIP)数据

纳米氧化钒基锂离子电池阴极材料的制备及性能研究 / 周小卫,吴广明著. —上海:同济大学出版社,
2020.12

(同济博士论丛/伍江总主编)

ISBN 978 - 7 - 5608 - 9645 - 8

Ⅰ. ①纳… Ⅱ. ①周… ②吴… Ⅲ. ①锂离子电池—纳米材料—研究 Ⅳ. ①TM912

中国版本图书馆 CIP 数据核字(2021)第 000629 号

纳米氧化钒基锂离子电池阴极材料的制备及性能研究

周小卫 吴广明 著

出 品 人 华春荣   责任编辑 熊磊丽   特约编辑 吴敬醒

责任校对 徐春莲   封面设计 陈益平

出版发行   同济大学出版社   www.tongjipress.com.cn
            (地址:上海市四平路1239号   邮编:200092   电话:021-65985622)
经   销   全国各地新华书店
排版制作   南京展望文化发展有限公司
印   刷   浙江广育爱多印务有限公司
开   本   710 mm×1000 mm   1/16
印   张   13.25
字   数   265 000
版   次   2020 年 12 月第 1 版   2020 年 12 月第 1 次印刷
书   号   ISBN 978 - 7 - 5608 - 9645 - 8

定   价   64.00 元

"同济博士论丛"编写领导小组

"同济博士论丛"编辑委员会

袁万城　莫天伟　夏四清　顾　明　顾祥林　钱梦騄
徐　政　徐　鉴　徐立鸿　徐亚伟　凌建明　高乃云
郭忠印　唐子来　阎耀保　黄一如　黄宏伟　黄茂松
戚正武　彭正龙　葛耀君　董德存　蒋昌俊　韩传峰
童小华　曾国荪　楼梦麟　路秉杰　蔡永洁　蔡克峰
薛　雷　霍佳震

秘书组成员：谢永生　赵泽毓　熊磊丽　胡晗欣　卢元姗　蒋卓文

总　序

　　在同济大学 110 周年华诞之际,喜闻"同济博士论丛"将正式出版发行,倍感欣慰。记得在 100 周年校庆时,我曾以《百年同济,大学对社会的承诺》为题作了演讲,如今看到付梓的"同济博士论丛",我想这就是大学对社会承诺的一种体现。这 110 部学术著作不仅包含了同济大学近 10 年 100 多位优秀博士研究生的学术科研成果,也展现了同济大学围绕国家战略开展学科建设、发展自我特色,向建设世界一流大学的目标迈出的坚实步伐。

　　坐落于东海之滨的同济大学,历经 110 年历史风云,承古续今、汇聚东西,秉持"与祖国同行、以科教济世"的理念,发扬自强不息、追求卓越的精神,在复兴中华的征程中同舟共济、砥砺前行,谱写了一幅幅辉煌壮美的篇章。创校至今,同济大学培养了数十万工作在祖国各条战线上的人才,包括人们常提到的贝时璋、李国豪、裘法祖、吴孟超等一批著名教授。正是这些专家学者培养了一代又一代的博士研究生,薪火相传,将同济大学的科学研究和学科建设一步步推向高峰。

　　大学有其社会责任,她的社会责任就是融入国家的创新体系之中,成为国家创新战略的实践者。党的十八大以来,以习近平同志为核心的党中央高度重视科技创新,对实施创新驱动发展战略作出一系列重大决策部署。党的十八届五中全会把创新发展作为五大发展理念之首,强调创新是引领发展的第一动力,要求充分发挥科技创新在全面创新中的引领作用。要把创新驱动发展作为国家的优先战略,以科技创新为核心带动全面创新,以体制机制改革激发创新活力，以高效率的创新体系支撑高水平的创新型国家建设。作为人才培养和科技创新的重要平台，大学是国家创新体系的重要组成部分。同济大学理当围绕国家战略目标的实现，作出更大的贡献。

　　大学的根本任务是培养人才，同济大学走出了一条特色鲜明的道路。无论是本科教育、研究生教育，还是这些年摸索总结出的导师制、人才培养特区，"卓越人才培养"的做法取得了很好的成绩。聚焦创新驱动转型发展战略，同济大学推进科研管理体系改革和重大科研基地平台建设。以贯穿人才培养全过程的一流创新创业教育助力创新驱动发展战略，实现创新创业教育的全覆盖，培养具有一流创新力、组织力和行动力的卓越人才。"同济博士论丛"的出版不仅是对同济大学人才培养成果的集中展示，更将进一步推动同济大学围绕国家战略开展学科建设、发展自我特色、明确大学定位、培养创新人才。

　　面对新形势、新任务、新挑战，我们必须增强忧患意识，扎根中国大地，朝着建设世界一流大学的目标，深化改革，勠力前行！

万　钢

2017 年 5 月

论丛前言

承古续今，汇聚东西，百年同济秉持"与祖国同行、以科教济世"的理念，注重人才培养、科学研究、社会服务、文化传承创新和国际合作交流，自强不息，追求卓越。特别是近 20 年来，同济大学坚持把论文写在祖国的大地上，各学科都培养了一大批博士优秀人才，发表了数以千计的学术研究论文。这些论文不但反映了同济大学培养人才能力和学术研究的水平，而且也促进了学科的发展和国家的建设。多年来，我一直希望能有机会将我们同济大学的优秀博士论文集中整理，分类出版，让更多的读者获得分享。值此同济大学 110 周年校庆之际，在学校的支持下，"同济博士论丛"得以顺利出版。

"同济博士论丛"的出版组织工作启动于 2016 年 9 月，计划在同济大学 110 周年校庆之际出版 110 部同济大学的优秀博士论文。我们在数千篇博士论文中，聚焦于 2005—2016 年十多年间的优秀博士学位论文 430 余篇，经各院系征询，导师和博士积极响应并同意，遴选出近 170 篇，涵盖了同济的大部分学科：土木工程、城乡规划学（含建筑、风景园林）、海洋科学、交通运输工程、车辆工程、环境科学与工程、数学、材料工程、测绘科学与工程、机械工程、计算机科学与技术、医学、工程管理、哲学等。作为"同济博士论丛"出版工程的开端，在校庆之际首批集中出版 110 余部，其余也将陆续出版。

博士学位论文是反映博士研究生培养质量的重要方面。同济大学一直将立德树人作为根本任务，把培养高素质人才摆在首位，认真探索全面提高博士研究生质量的有效途径和机制。因此，"同济博士论丛"的出版集中展示同济大学博士研究生培养与科研成果,体现对同济大学学术文化的传承。

"同济博士论丛"作为重要的科研文献资源,系统、全面、具体地反映了同济大学各学科专业前沿领域的科研成果和发展状况。它的出版是扩大传播同济科研成果和学术影响力的重要途径。博士论文的研究对象中不少是"国家自然科学基金"等科研基金资助的项目,具有明确的创新性和学术性,具有极高的学术价值,对我国的经济、文化、社会发展具有一定的理论和实践指导意义。

"同济博士论丛"的出版,将会调动同济广大科研人员的积极性,促进多学科学术交流、加速人才的发掘和人才的成长,有助于提高同济在国内外的竞争力,为实现同济大学扎根中国大地,建设世界一流大学的目标愿景做好基础性工作。

虽然同济已经发展成为一所特色鲜明、具有国际影响力的综合性、研究型大学,但与世界一流大学之间仍然存在着一定差距。"同济博士论丛"所反映的学术水平需要不断提高,同时在很短的时间内编辑出版110余部著作,必然存在一些不足之处,恳请广大学者,特别是有关专家提出批评,为提高同济人才培养质量和同济的学科建设提供宝贵意见。

最后感谢研究生院、出版社以及各院系的协作与支持。希望"同济博士论丛"能持续出版,并借助新媒体以电子书、知识库等多种方式呈现,以期成为展现同济学术成果、服务社会的一个可持续的出版品牌。为继续扎根中国大地,培育卓越英才,建设世界一流大学服务。

伍 江

2017 年 5 月

前　言

　　随着经济的发展及人们生活水平的提高,各种各样的电子产品和电动器件出现在我们的生产和生活中。电池作为一种重要的移动供能设备,得到了普遍的关注。其中,锂离子电池由于其较高的比能量密度,获得广泛的应用和研究。在锂离子电池各组件中,阴极材料显得尤其重要,它的性能极大地制约着锂离子电池整体性能的提高。传统的锂离子电池阴极材料,如钴酸锂、锰酸锂、镍酸锂、磷酸铁锂及其复合掺杂材料,比容量普遍不高(一般在 $140\sim170$ mAh/g),不能满足高容量锂离子电池的需要。针对这一问题,我们以新型层状结构的五氧化二钒为原料(理论容量高达 400 mAh/g 以上,但其离子及电子电导率较低,且在充放电过程中结构会发生不可逆改变,进而降低其容量和循环性),制备出了一系列纳米氧化钒基复合材料。这些纳米氧化钒基材料作为锂离子电池阴极材料时,均表现出更高的比容量及良好的循环性,有望成为下一代高性能锂离子电池阴极材料。

　　在本书中,我们以 V_2O_5 粉末和 H_2O_2 为原料,有机长链胺为模版剂(如十二胺、十六胺),碳质材料(如多壁碳纳米管、导电炭黑)为诱导剂及复合物,采用溶胶-凝胶技术结合水热法制备出了多种可作为锂离子电池阴极活性物质的纳米氧化钒基材料。为了进一步改善这些纳米氧化钒基阴极材料的电化学性能,我们通过导电聚合物复合、阳离子替换及一定气氛下的后烧结处理对其进行修饰和重构,获得了电化学性能更加优越的纳米氧化钒基阴极材料。

我们通过 V_2O_5 粉末与 H_2O_2 的放热反应,生成氧化钒溶胶,在溶胶中加入一定量的多壁碳纳米管搅拌混合均匀得到黑色悬浊液,再置于水热釜中以 180℃反应 3 天,最后获得碳纳米管诱导复合的氧化钒纳米片。XPS 和 XRD 分析表明:纳米片的主要组分是单斜晶相的 VO_2。电化学测试表明:此碳纳米管复合的氧化钒纳米片作为锂离子电池阴极材料时,具有单一且稳定的充放电平台,容量高,电化学循环性好,并且表现出较小的电荷转移阻抗。

采用双氧水法合成氧化钒溶胶,在溶胶中分散一定量的炭黑,经充分搅拌后,将悬浊液转移至水热釜中,通过数天的水热反应,可获得炭黑点缀的氧化钒纳米带。若将炭黑复合的氧化钒纳米带在空气中控温烧结,附着在表面的炭黑将热分解,但原先的氧化钒纳米带会保持其带状形貌,并且重结晶形成高价态的五氧化二钒纳米带。XRD 表明:水热合成的氧化钒纳米带的主要成分是 $V_3O_7 \cdot H_2O$,同时含有少量的 VO_2(B)相;烧结后形成的五氧化二钒纳米带完全由正交晶系的 V_2O_5 组成。炭黑复合的氧化钒纳米带阴极材料显示出良好的电化学循环性能和较高的比容量,这一方面是由于其纳米带状形貌能提供更大的活性表面积,有利于电解液的渗透和锂离子的传输,另一方面是因为紧密附着的炭黑作为有效的缓冲剂及导电剂,提高了它的电化学稳定性和导电性。由于钒的高价态及其纳米带状形貌,V_2O_5 纳米带也具有很好的电化学性能,尤其是很高的首次放电容量。

通过溶胶-凝胶法结合水热法,以有机十二胺为模版剂,可以制备出一维的氧化钒纳米管。TEM,SEM 和 XRD 表明,此纳米管具有两端开口的多壁管状结构,为一种无定形材料。电化学测试显示,由于氧化钒纳米管中的模版剂在电化学过程中扩散分解,使其容量衰减严重,电化学稳定性差。我们在含有氧化钒纳米管的氧化性溶液中加入适量吡咯或者苯胺单体,使它们氧化聚合形成聚吡咯或者聚苯胺复合的氧化钒纳米管。实验表明,导电聚合物复合的氧化钒纳米管表现出更好的导电性,具有较小的电荷转移阻抗,电化学容量和循环稳定性也有了一定程度的提高。

在一维氧化钒纳米管的基础上,我们于醇水混合溶液中采用三价铁离子替换法,有效地去除了氧化钒纳米管管壁间的十二胺有机模版剂。由于这些有机模版剂无电化学活性且会在充放电过程中分解,从而造成阴极材料性能的降级,电化学测试表明,有效地去除它们之后,氧化钒纳米管的比容量及循环性均有了非常明显的提高。TEM,XRD 及 SEM 显示,替换后的氧化钒纳米管管壁间距显著减小,管腔内径有所增大,这是由于管壁间的有机模版剂被大量去除了。热失重测试也表明,替换后的纳米管中的有机质含量显著减少了。此外,XPS 结果说明,高价态的铁离子不仅具有替换管间模版剂的作用,而且还能一定程度地氧化低价态的钒,使得替换后的钒管具有更大的嵌锂潜力。

通过空气中的控温后烧结处理,可以使氧化钒纳米管转变成具有分级结构的五氧化二钒纳米穗。这些纳米穗由五氧化二钒纳米小颗粒相互衔接而成。在烧结过程中,管壁间的有机模版热分解并伴随着氧化钒的重结晶,共同促使了五氧化二钒纳米穗状结构的产生。这种五氧化二钒纳米穗作为阴极材料时,展现出了极大的比容量和良好的循环性,其首次比容量超过了 400 mAh/g,接近五氧化二钒的理论容量,多次循环后的容量仍然高于传统的阴极材料。五氧化二钒纳米穗优越的电化学性能主要得益于它的穗状分级结构。此种结构能够提供更多的锂离子活性注入位,增加嵌锂容量,也能很好地缓冲锂离子脱嵌过程中造成的内部应力,降低活性物质的团聚,从而改善其循环性。

我们以有机十六胺为中介剂,氧化钒溶胶为前驱体,混酸处理并分散的多壁碳纳米管为复合物,通过水热反应结合控温后烧结处理,制备出了一种一体化多孔结构的碳纳米管复合五氧化二钒阴极材料。在水热过程中,质子化的十六胺将两两反向平行排列且末端带显弱的正电性,而碳纳米管表面和氧化钒层将显弱的负电性,由于静电相互作用,氧化钒与碳纳米管将通过十六胺为中介剂形成一体化的均匀复合,随后的烧结处理可以完全去除有机胺,获得一体化多孔结构的碳纳米管复合五氧化二钒材料。该材料具有一体化均匀复合的碳纳米管骨架。在电化学过程中,一体化的碳纳米管骨架同时起到了导电网络和缓冲剂的作用,可以有效地改善阴极材料的导电性,有利于锂离子和电子的快速扩散,也能够很好地缓解锂离子脱嵌行为对电极材料结构的破坏。此外,该一体化复合材料具有多孔的表面形貌,能增加锂离子的活性注入位。如果继续升高烧结温度,该复合材料中的碳纳米管骨架将会热分解,最后留下堆积的五氧化二钒纳米小颗粒。电化学测试表明,具有碳纳米管骨架的一体化复合结构比起五氧化二钒纳米小颗粒表现出更佳的循环性能和更优越的倍率性能,这主要是由于碳纳米管骨架的导电及缓冲作用。

本书主要依托于溶胶凝胶法及水热法,以氧化钒溶胶为前驱体,采用有机胺为模版剂,碳纳米管和炭黑为导电复合剂及诱导剂,通过氧化聚合、离子替换或控温烧结后处理,获得了一系列具有纳米结构的氧化钒基锂离子电池阴极材料。这些材料均表现出本身优越且独特的电化学性能。

目 录

第1章

绪 论

1.1 锂离子电池的研究背景及工作原理

当今社会,经济快速发展,人们生活水平不断提高,能源短缺的问题变得日益严重。但上述所说的能源短缺一般指的是传统化石能源,如煤、石油及天然气等。理论上讲,地球上的能源是源源不断的,像可再生的太阳能、风能、水能等。可以说,我们缺少的不是能源,而是有效地对能源进行转化、储存和利用的方法。锂离子电池作为一种重要的储能设备,受到了各界的广泛关注和研究[1-6]。锂离子电池的研究开始于 1990 年,日本的 Nagoura 等人研制成以石油焦为负极、以钴酸锂为正极的锂离子电池。从此,锂离子电池的相关研究和应用得到了迅猛的发展。与其他充电电池相比,锂离子电池的电压高、比能量大、循环性能好、充电速率快、自放电率低、对环境污染小且无记忆效应[7-9]。作为一种常用的储能供电设备,它广泛地应用于手机、数码相机、笔记本电脑和小型便携式电器,并且逐步向电动汽车、航空、航天等领域发展。在能源环境问题日益严峻的情况下,交通工具纷纷改用储能电池作为动力源,锂离子电池被认为是大功率、高能量密度电池的理想选择。但当前锂离子电池的整体性能离实际应用中的理想要求仍然存在着很大差距,各国研究人员正在不断开发新的电极材料,同时改进电池制备工艺,力求开发出新一代的高性能锂离子电池,满足人们实际应用中的需求[10-13]。

锂离子电池在工作过程中,Li^+ 在电池的正、负两极间进行可逆的反复脱嵌。如图1-1所示,在充电过程中,锂离子从富锂的正极材料(主要是层状结构的金属氧化物 $LiMO_2$ 和具有尖晶石结构的 LiM_2O_4 化合物,其中,M 指的是 Co,Ni,Mn,V 等过渡金属元素)中脱出,通过电解液(一般以 $LiPF_6$,$LiBF_3$,$LiClO_4$ 等为溶质,以碳酸乙烯酯-EC、碳酸丙烯酯-PC、碳酸二甲酯-DMC、碳酸二乙酯-DEC 等有机混合液为溶剂)和隔膜(以高分子聚烯烃树脂制成的微孔膜),嵌入到贫锂的负极材料中(常用的为碳质材料,如石墨、焦炭、中间相碳微球等)。当放电时,锂离子便从富锂的负极材料中脱出,经电解液和隔膜重新嵌入到贫锂的正极金属氧化物中。在充放电过程中,电子通过外电路到达相应的电极并发生氧化还原反应,以确保电荷的平衡。由于在工作过程中,锂离子在两个电极间往返脱嵌,所以这个体系也被形象地称为"摇椅电池"。正常情况下,锂离子在层状结构的金属氧化物及碳材料的层间嵌入和脱出,只是会引起材料层面间距的变化,不会破坏其晶态结构。因此,从这种很好的可逆性看,锂离子电池反应是

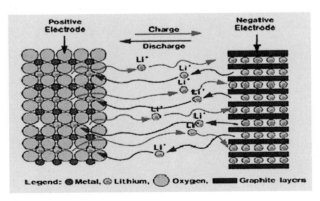

图1-1　锂离子电池基本原理图

一种理想的可逆反应。

因为锂离子电池的工作电压与构成电极的锂离子嵌入物及锂离子本身的浓度有关,所以用作锂离子电池的正极材料是过渡金属的离子复合氧化物,而作为负极的材料则选择电位尽可能接近锂电位的可嵌入碳质材料。

锂离子电池的正、负极反应如下:

正极反应:$Li_x M_y N_z \underset{discharge}{\overset{charge}{\longleftrightarrow}} a\,e^- + a\,Li^+ + Li_{x-a} M_y N_z$

负极反应:$Li_a C_b \underset{charge}{\overset{discharge}{\longleftrightarrow}} b\,C + a\,e^- + a\,Li^+$

电池总反应为

$$Li_x M_y N_z + b\,C \underset{discharge}{\overset{charge}{\longleftrightarrow}} Li_{x-a} M_y N_z + Li_a C_b$$

其中,M 代表过渡金属阳离子,N 代表含氧阴离子基团,C 代表碳元素[14-15]。

1.2 锂离子电池的主要组成部件

作为一种实现化学能源转换的设备,锂离子电池均由下面几个部分组成:电极(正极材料和负极材料)、电解质、隔膜、粘结剂、外壳;另外,还有安全阀、绝缘材料、正、负极引线端子等也是不可缺少的部分。下面主要介绍锂离子电池中几个重要的组成部分,即正极材料、负极材料、隔膜和电解质。

1.2.1 正极材料

锂离子电池正极材料通常由含锂的过渡金属氧化物活性物质与导电剂(如炭黑、乙炔黑等)及粘结剂(如聚偏氟乙烯-PVDF、聚四氟乙烯-

PTFE)等充分混合,加入有机分散剂搅拌成糊状后均匀地涂抹在铝箔上,然后在一定温度的真空干燥下除去有机分散剂,最后压制成型并剪切成规定尺寸的极片。其中,组成正极材料的活性物质我们通常把它称为阴极材料,它一般为含锂的过渡金属氧化物,最常见的是 $LiCoO_2$。作为正极材料的活性物质,在选择上应遵循以下的原则:(1)需要有较大的孔径或层状结构,以便于锂离子在充放电过程中的嵌入/脱出行为;(2)要求拥有较大的吉布斯自由能,以便与负极材料间形成一个较大的电位差,从而提供高的电池工作电压;(3)在锂离子嵌入/脱出反应时,尽量保证吉布斯自由能改变量小,使得电极电位对锂离子嵌入量的依赖性小,保证锂离子电池的工作电压稳定;(4)阴极材料应具有大的界面结构和较宽的锂离子嵌入/脱出范围,以保证相当的锂离子嵌入/脱出量,从而提高其嵌锂容量;(5)要求材料的物理化学性质稳定,以保证电池的长期循环可逆性;(6)材料不与电解液发生反应,具有良好的相容性,维持电池的工作安全;(7)低毒性、低价格、易制备。

正极活性物质在充电过程中发生氧化反应,氧化物中的金属阳离子价态升高,锂离子从材料层间脱出,经过电解液和隔膜移向负极。此时,外电路中也产生电子流,指向负极。当放电时,锂离子重新注入到正极活性物质中,同时发生还原反应,使得金属阳离子的价态降低。此时,外电路中的电子流向正极。

当前商业化的正极材料,其比容量一般在 140~160 mAh/g 之间。经一定的修饰和改性后,虽然能提高其性能,但受材料本身结构和性能的限制,其比容量低的瓶颈无法克服。这要求我们寻找新型的正极材料活性物质,才能开发出新一代的高性能锂离子电池[16]。

1.2.2 负极材料

在锂离子电池中,当以锂金属直接作为负极材料时,它与电解液易发生反应,会在金属锂的表面形成膜层,导致锂枝晶的生长,容易引起电池内部短路,造成安全隐患。当锂离子在碳质材料中嵌入/脱出时,其工作电位接近锂的电位,并且不易与电解液发生反应,具有良好的循环性能。所以,在锂离子电池生产中,通常采用碳质材料(最常用的为石墨)作为电池负极的活性物质,然后加入一定量的导电添加剂(如炭黑)、粘结剂(如PVDF)及有机溶剂制成糊状的浆料均匀涂抹在铜箔上,再经干燥、辊压,最终裁剪成规定尺寸的负极极片[1,3,7-9]。

在充放电时,负极发生相应的氧化还原反应。充电时,锂离子与负极活性物质结合,形成富锂相;放电时,锂离子从负极脱出,形成贫锂相。

除碳质材料作为负极活性物质外,非碳基负极材料也引起了人们广泛的关注和研究。石墨化碳材料的理论容量为 372 mAh/g,在商业化生产中,其实际容量也很容易维持在 300 mAh/g 以上。新型复合结构的硅、锡等氧化物负极材料的首次比容量很容易就超过 1000 mAh/g,多次循环后,比容量还能维持在 400~700 mAh/g 之间,但其相对于锂的工作电压比碳质材料要高。

可以看出,传统负极材料的比容量相对正极材料来说要高许多,二者的容量明显的不对称。因此,开发高容量的正极活性物质材料是提高锂离子电池整体性能的关键。

1.2.3 隔膜

隔膜是锂离子电池中不可缺少的组件,它处在正极材料与负极材料之间,被电解液所浸润。隔膜所起的作用是分隔正负两极,防止锂离子正、负两极直接接触,从而造成电池内部短路。同时,它也提供了锂离子可穿透的小孔。隔膜本身既要是电子的非良导体,又要具有电解质离子能通过的特性[1,3,7]。

锂离子电池的隔膜一般是用高分子聚烯烃树脂制成的微孔膜,当前商业化的电池隔膜主要成分是聚乙烯或者聚丙烯材料。由于在正、负两极间加入隔膜,将不可避免地降低两极间的离子电导率。所以,从降低内阻的角度考虑,我们希望隔膜的厚度要尽量的薄,孔隙率要尽可能的高。但从安全性考虑,又要适当地增加隔膜的厚度和孔隙率。综合来看,现在商业化电池隔膜的厚度在 10～20 微米,微孔尺寸在 50～250 微米,孔隙率大约在 35%。此外,我们希望隔膜和电解液有很好的浸润性。因为隔膜长时间浸泡在电解液中,它的形变率要低,电化学稳定性不能低于电解质的电化学稳定性。隔膜材料与电极材料间的界面相容性、隔膜对电解质的保持性均会对锂离子电池的充放电性能、循环性能产生不可忽略的影响。

1.2.4 电解质

在锂离子电池中,电解质充满与正、负两极之间,起着输运锂离子的作用,它对电池的工作温度范围、循环性能及安全性能等方面都有很重要的影响。总的来说,电解质可分为液体型和固体型两大类。它们都是高离子导电性的物质,在电池内部起着传递电荷的作用。

用于锂离子电池的电解质一般要求满足以下条件[1,3,7]:

(1) 较高的热稳定性和化学稳定性,在较宽的温度范围内不发生分解;

(2) 与电池中的电极材料、隔膜和集流体有很好的相容性,不发生化学反应;

(3) 高的离子电导率,应达到 $1 \times 10^{-3} \sim 2 \times 10^{-2}$ S/cm;

(4) 在较宽的电压范围内保持电化学性能的稳定;

(5) 尽可能无毒、安全。

其中,液体型电解质分为水溶性电解液体系和非水溶性电解液体系。在传统电池中,一般用水作为电解液体系的溶剂。由于水的理论分解电压为 1.23 V,考虑到氢或氧的过电位,以水为溶剂的电解液体系最高只能承受 2 V 左右的电压(如铅酸电池);而锂离子电池的工作电压通常在 3~4 V,传统的水溶性体系已经不能满足其要求,所以必须采用非水溶性的有机溶剂和电解质盐的混合体系作为锂离子电池的电解液。目前在锂离子电池的制备中,一般都采用含锂盐的有机溶液作为电解液。如 $LiPF_6/EC+DEC$,$LiClO_4/EC+DMC$,$LiBF_3/PC+DMC$ 等体系。

许多商品锂离子电池含有易燃、易挥发的有机溶剂,一旦发生泄漏,将可能引起火灾等危险。高电压、高能量密度的锂离子电池更是如此。为了解决这一问题,生产更加可靠、安全的锂离子电池,研究者提出了用不可燃的固体电解质取代易燃的有机液体电解质。固体电解质可分为无机固体电解质和聚合物电解质。无机固体电解质具有单一阳离子导电、快速离子输运及高度热稳定性等特点,是一种很有前景的全固态锂离子电池的电解质材料。聚合物电解质是由强极性聚合物和金属盐发生络合形成的一类在固态下具有离子导电性的功能高分子材料,它主要以聚合物为基体。同无机固体电解质材料相比,它拥有良好的黏弹性、电化学稳定性及柔韧性,并且质量轻。因为聚合物电解质中不存在能自由流动的电解液,所以聚合物锂离子电池彻底消除了电池漏液的危险。

1.3 常见的锂离子电池阴极材料

本书主要研究作为锂离子电池正极材料的活性物质,即阴极材料。商业化锂离子电池中常见的阴极材料主要是过渡金属氧化物的锂盐,像钴酸锂($LiCoO_2$)、镍酸锂($LiNiO_2$)、锰酸锂(层状结构的 $LiMnO_2$ 和尖晶石型的 $LiMn_2O_4$),以及上述三种过渡金属按一定比例掺杂后形成的复合氧化物锂盐($LiMn_xNi_yCo_{1-x-y}O_2$)。此外,磷酸体系化合物[如橄榄石结构的 $LiFePO_4$ 和 Nasicon 结构的 $Li_3V_2(PO_4)_3$]以及有机导电聚合物也是被广泛研究和应用的锂离子电池阴极材料。

1.3.1　钴系氧化物

钴酸锂（$LiCoO_2$）是最早商业化的锂离子电池阴极材料，目前也广泛地用于锂离子电池正极活性材料中[17-19]。$LiCoO_2$具有 α - $NaFeO_2$ 型层状岩盐结构，属于三方晶系，其晶体结构如图 1 - 2 所示。具有层状岩盐结构的钴酸锂相对于金属锂负极，能提供 4 V 的电池电压。$LiCoO_2$ 的锂离子扩散系数比 TiS_2 还要高，为 10^{-9} cm^2/s[20]。在充放电过程中，锂离子在钴酸锂的层面间发生可逆的嵌入/脱出反

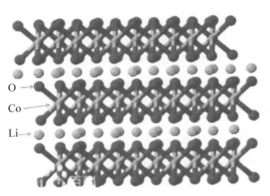

O →
Co →
Li →

图 1 - 2　$LiCoO_2$ 的晶体结构图

应。此外，在钴酸锂的脱锂过程中，它会从半导体转变为导体，表现出金属的性质。它的理论容量为 274 mAh/g，但在实际应用中，由于结构稳定性的限制，最多能把晶格中一半的锂脱出，因此，实际比容量约为 140 mAh/g，平均工作电压可达 3.7 V。$LiCoO_2$ 良好的离子电导、电子电导和层状结构特征使得它具有较快的充放电速率和可观的容量，因此，它在商业化锂离子电池中得到了广泛的应用。$LiCoO_2$ 的合成较容易，一般采用高温固相法，该方法工艺简单，操作简便，适合工业化生产[21-23]，但 $LiCoO_2$ 价格昂贵、资源稀少、对环境的污染大[24]。另外，以 $LiCoO_2$ 作为阴极材料所组装成的锂离子电池耐高温，耐过充性能差，尤其满足不了动力锂离子电池的需要，同时存在安全问题。目前，为了降低锂离子电池成本，提高市场竞争力，生产者们多采用掺杂的钴酸锂材料，并致力于开发价格低廉，性能更优越的阴极材料。

1.3.2　镍系氧化物

镍酸锂（LiNiO₂）与钴酸锂一样，也具有层状特征，属于立方岩盐结构，其晶体结构如图 1-3 所示。我国的镍资源丰富，合成 $LiNiO_2$ 比 $LiCoO_2$ 更加便宜。$LiNiO_2$ 的理论容量为 276 mAh/g，实际容量在 140～180 mAh/g，工作电压为 2.5～4.2 V，电化学过程中无过充电或过放电的限制，其自放电率低，无污染，高温稳定性好，是继钴酸锂之后研究较多的层状氧化物阴极材料。但 $LiNiO_2$ 在应用中存在两方面的问题：首先，虽然高温可以实现

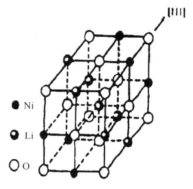

图 1-3　$LiNiO_2$ 的晶体结构图

$LiNiO_2$ 的高效合成，但当温度超过 600℃时，合成过程中产生的 Ni_2O_3 易分解成 NiO_2，将不利于 $LiNiO_2$ 的形成，且易生成非计量化合物。另外，制备三方晶系 $LiNiO_2$ 的过程中，容易产生立方晶系的 $LiNiO_2$，由于立方晶系的 $LiNiO_2$ 在非水电解质溶液中无活性，因此，在合成过程中，相关参数和条件一旦控制不当，将导致最终获得的 $LiNiO_2$ 电化学性能不稳定。其次，在充放电过程中，$LiNiO_2$ 将经历从三方晶系到单斜晶系的转变，同时，相变过程中产生的氧气很可能与电解液发生反应，会导致容量的严重衰减[25]。此外，高脱锂状态下的 $LiNiO_2$ 热稳定性较差，容易引发安全性问题。在电池工业中，一般不使用纯相的 $LiNiO_2$，通常要掺入一定量的金属元素（如 Cu，Co，Ti 等）。掺杂后的 $LiNiO_2$ 可获得较高的放电平台和良好的电化学循环稳定性[26-29]。

1.3.3　锰系氧化物

可作为锂离子电池阴极材料的锰系氧化物主要是层状结构的 $LiMnO_2$

和尖晶石结构的 $LiMn_2O_4$。我国的锰资源丰富,锰基氧化物阴极材料无毒,对环境污染小。层状结构的 $LiMnO_2$ 具有岩盐结构,属于正交晶系,如图 1-4 所示,氧原子分布为扭变四方密堆积结构,空间点群为 P_{mnm},其理论比容量可达 286 mAh/g,充电范围在 2.5～4.3 V,它的开发应用前景广阔,缺点是在反复充放电过程中,其晶型容易转变成尖晶石型结构,使比容量下降明显[30,31]。目前,可通过掺杂及复合的手段提高其电化学性能。尖晶石型的 $LiMn_2O_4$ 为立方晶系结构,如图 1-5 所示,空间点群 F_{d3m},其中的 Mn_2O_4 基团是一个八面体与四面体的共面三维结构,锂离子处在四面体的位置,远离于锰原子的八面体位置,这种连续的三维尖晶结构,有利于锂离子的输运。充放电过程中,锂离子在 Mn_2O_4 框架中的脱嵌行为引起的是晶体各向同性地膨胀/收缩,因此,晶体体积变化很小。$LiMn_2O_4$ 可产生 4 V的工作电压,理论容量只有 148 mAh/g,但它可以进行锂离子的完全脱嵌[32-34]。另外,还可以通过掺杂不同种类的阴阳离子来改变其电压、容量和循环性能。尖晶石型 $LiMn_2O_4$ 在工作过程中不可避免的将发生缓慢容量衰减,其影响因素主要是:锰元素在电解液中一定程度的溶解;高度脱

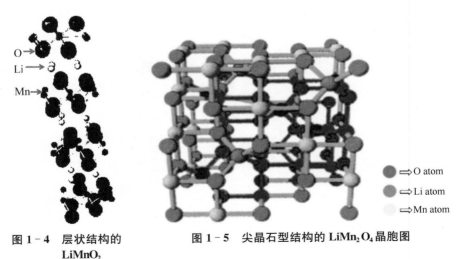

图 1-4　层状结构的 $LiMnO_2$ 晶胞图

图 1-5　尖晶石型结构的 $LiMn_2O_4$ 晶胞图

⟹ O atom
⟹ Li atom
⟹ Mn atom

锂后,锰元素具有较强的氧化性,会引起尖晶石结构的不稳定。一般可通过表面包覆和掺杂的方法改善其电化学性能。

1.3.4　钴锰镍复合氧化物

目前商业化锂离子电池中,大量采用了钴锰镍复合氧化物($LiMn_x Ni_y$ $Co_{1-x-y}O_2$)作为阴极材料。这是因为层状的 $LiMn_x Ni_y Co_{1-x-y}O_2$ 复合阴极材料能够有效地综合 $LiMnO_2$,$LiNiO_2$,$LiCoO_2$ 材料的各自优点,其电化学性能比任一单一组分的阴极材料性能要好。研究表明,Ni 元素的参与,可提高阴极材料的容量;Co 元素的引入,能减少阳离子混合占位情况,从而有效地稳定材料的层状结构;Mn 元素的加入,既能提高电极材料的安全性,又能降低其成本。可以看出,混合相的 $LiMn_x Ni_y Co_{1-x-y}O_2$ 阴极材料表现出更加优越的性能,是进一步研究和应用的一个重要方向。

1.3.5　磷酸体系化合物

磷酸体系化合物阴极材料主要指的是锂过渡金属磷酸盐 $LiMPO_4$(M 代表 Mn,Fe,Ni,Co 等)及 $Li_3 V_2 (PO_4)_3$ 等[35,36]。其中,以橄榄石结构的 $LiFePO_4$ 最具有代表性,近年来受到的关注也很多。它属于正交晶系结构(D_{2h}^{16},P_{mnb}),其结构如图 1-6 所示。

该材料最早由 Padhi 于 1997 年报道,实验中发现,$LiFePO_4$ 能可逆地脱嵌锂离子,PO_4^{3-} 不仅把 Fe^{2+}/Fe^{3+} 电对能级降到可应用的范围,还通过强的 Fe-O-P 诱导效应稳定了 Fe^{2+}/Fe^{3+} 的反键态,使得 Fe

图 1-6　橄榄石型结构的 $LiFePO_4$ 晶胞图

具有较强的离子性,从而产生了 3.4 V 左右的较高电位。在 $LiFePO_4$ 结构中,氧原子呈六角密排结构,磷原子形成四面体结构,Fe_1,Fe_2 金属离子形成八面体结构。由于八面体存在微小的形变,Fe_1,Fe_2 金属离子的晶格略有不同。其中,Fe_1 八面体晶格具有公共边,形成沿 c 轴方向的八面体线性链;Fe_2 八面体晶格共角分布,形成八面体的锯齿状平面。锂离子可以在由氧八面体公共边形成的一维通道中迁移,而过渡金属铁离子是氧化还原中心。$LiFePO_4$ 成本低且无毒,是一种真正意义上的绿色环保阴极材料。该材料资源丰富、工作电压适中、循环寿命长、理论容量较高。经过一定的包覆及改性,比容量可达 170 mAh/g。但在实际应用中,其导电性差,尤其在大电流充放电情况下,它的比容量很低[37]。此外,其低温性能也不甚理想。

1.3.6 有机导电聚合物

在过去,聚合物材料一直被当作绝缘材料来使用。自 Mac Diarmid 发现了导电聚乙炔后,聚合物材料便作为导电材料加以使用。有的导电聚合物材料具有可逆的电化学活性,其比容量能与金属氧化物阴极材料相比,因此它在电化学能源方面也发挥着相当重要的作用,且具有广阔的应用前景。目前,国外已有导电聚合物锂离子电池阴极材料问世,在应用方面也有较多研究[38,39]。

在一些导电聚合物中,分子内有大的线性共轭 π 电子体系,可提供载流子-自由电子对离域迁移的条件。导电聚合物作为电池阴极材料时,可使电池不腐蚀、重量更轻。聚合物阴极材料与其他无机氧化物阴极材料相比,还具有以下优点:不易产生枝晶而发生内部短路;加工性好,也可以制成膜电池;由于聚合物阴极材料是在整个多孔的高分子内部发生电极反应,所以其比表面积高,比功率大。

目前研究较多的聚合物阴极材料有聚苯胺(PAn)、聚吡咯(PPY)、聚噻吩(PTh)、聚乙炔(PA)以及对亚苯基(PPP)等。其中,聚苯胺被认为最有希望能在实际中获得应用,其作为新型的有机分子阴极材料,正成为国内外研究开发的热点。它具有良好的氧化还原可逆性、优异的电化学性能以及良好的环境稳定性,且易于化学氧化合成。但在聚苯胺的研究中,对其结构、聚集态形式、导电机制及电子行为的认识还很有限,有待更深入地研究。聚吡咯、聚噻吩等聚杂环导电聚合物可以比较方便地通过电化学氧化聚合而获得,这些聚合物作为锂离子电池阴极材料时具有库伦效率高、循环性好等特点。

1.4 新型钒系氧化物阴极材料

钒是一种典型的多价态过渡金属元素,它的化合价可以从 V^{2+} 一直到 V^{5+},这说明它的化学性质非常活跃,能够形成多种含氧酸盐和氧化物。含氧酸盐一般有 $Li_x VO_2$,$Li_{1+x} V_3 O_8$,$Li_x V_2 O_4$ 等,这些化合物都具有一定的嵌锂特性,通常情况下,$LiV_3 O_8$ 比较适合用作锂离子电池阴极材料。$LiV_3 O_8$ 是一种八面体和三角双锥组成的层状结构物质,在钒系含锂化合物中,它是一种重要的嵌锂材料,具有优良的嵌锂性能,体现出较高的比容量和良好的循环性能。但 $LiV_3 O_8$ 的氧化能力强,容易造成有机电解液的分解,此外,它的放电曲线呈现多平台特征,在反复充放电过程中,将不可避免地造成容量逐渐衰减。钒的氧化物种类繁多,如 VO,$V_2 O_3$,VO_2,$V_2 O_5$,$V_6 O_{13}$,$V_3 O_7$ 等[14,37],其中,具有开放性层状结构的 $V_2 O_5$ 引起了研究者们的极大关注。

$V_2 O_5$ 是一种容易脱嵌锂的层状结构物质,它无味、显橙黄色、微溶于水,为正交晶态结构,晶格常数是 $a=11.51$ Å,$b=3.563$ Å,$c=4.369$ Å,属于(D_{2h}^{13},P_{mmn})空间群,熔点为 690℃,沸点为 1 750℃。在所有的钒系氧化物中，V_2O_5 的锂离子理论注入容量最高，当 1 mol 的 V_2O_5 注入 3 mol 的锂离子时，其理论容量的计算值可达 442 mAh/g，比能量密度可达 650 Wh/kg。如此大的理论容量，远远高于传统的钴、镍、锰、铁系阴极材料，它最有希望用作新型锂离子电池阴极材料，以提高电池整体的能量密度。在 V_2O_5 结构中，畸变的 VO_5 三角双锥型金字塔共用棱边而形成沿 b 方向排列的锯齿状双链，通过共角的形式，链与链之间沿 a 方向交联起来，ab 平面内形成的氧化钒层在 c 方向上平行交叠，最终构成沿 c 方向的开放型层状结构，如图 1-7 所示。在 V_2O_5 的基本单元中，钒原子周围共有六个氧原子，构成八面体结构，如图 1-8 所示：沿 c 方向较长的 $V—O_A'$ 键较弱，容易断裂，钒与另外五个氧原子形成三种类型的键合方式，即一个 $V=O_A$ 双键，键长最短，键能较强，一个 $V—O_B$ 键，三个 $V—O_C$ 键，它们的键长分布在 1.58～2.02 Å 之间[40-42]。其中，O_A，O_B，O_C 分别被称为端基氧、共角桥氧、共边链氧。V_2O_5 可通过高温下分解 NH_4VO_3 或者水解 $VOCl_3$ 制得。此外，以 V_2O_5 为原料，加入一定的还原剂，可经过水热反应获得单斜结构的 $VO_2(B)$。当作为阴极材料时，虽然 $VO_2(B)$ 提供的工作电压不高（小于 3 V），但它一般只显现唯一且稳定的充放电平台，这在实际应用中比起别的钒系材料来说是一个很大的优点。

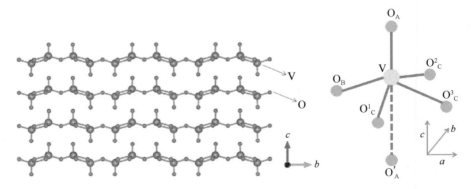

图 1-7　正交晶系 V_2O_5 的分子结构图　　图 1-8　V_2O_5 分子结构中的钒氧键

尽管五氧化二钒的理论容量非常高,但在电化学循环过程中,其结构变化明显,造成严重的容量衰减,经过几十次的充放电测试,其容量可衰减到首次放电容量的一半还不到。此外,V_2O_5 本身具有电子电导率、离子电导率低的问题,这极大地制约了它的大电流充放电性能,从而限制了其在大功率锂离子电池方面的应用。面对这些问题,许多研究组采用了掺杂、纳米化以及同导电剂复合等手段来改善其电化学性能。改性后的 V_2O_5 阴极材料在多次循环测试后,还能保持 250 mAh/g 的比容量,在较大倍率的充放电情况下,也能够达到 200 mAh/g 以上的容量,这相对于传统阴极材料来说无疑是一个巨大的优势。可以说,优化改性后的 V_2O_5 有望成为下一代高性能锂离子电池的阴极材料。

我国的钒资源丰富,钒的价格较当前锂离子电池阴极材料中普遍使用的钴要便宜,它的毒性也较小,因此,合理的利用丰富的钒资源也将对国民经济建设产生重要的意义。

1.5 阴极材料性能的评价指标及常用测试方法

在阴极材料性能评价体系中,经常涉及的概念有容量、比容量、倍率性能及循环寿命等;常用到的测试方法一般包括循环伏安、恒流充放电、电化学阻抗等。

1.5.1 评价指标

1. 容量、比容量

锂离子电池阴极材料的容量指的是在一定的工作条件下(确定的电压范围、电流密度及环境温度等),锂离子电池所能提供的电量。一般用毫安时(mAh)或者安时(Ah)来表示,可以用恒定充电电流的大小乘以电池从完全放电态至完全充电态所花的时间计算得出。比容量指的是单位活性电极材料所能容纳的电量,一般用毫安时每克(mAh/g)或安时每千克(Ah/kg)表示,它表示特定活性电极材料对锂离子的真实容纳能力。因为在电池工作时,通过阴极材料和阳极材料的电量总是相等的,而阴极和阳极的真实容量并不相等,所以,锂离子电池实际具有的容量取决于容量较小的电极材料。在实际的电池工艺中,一般用阴极的容量来控制整个电池的容量(因为它较阳极材料来说比容量更小)。可以看出,研制高容量的锂离子电池,关键在于开发高比容量的阴极材料。商业化电池生产中,由于组装工艺的不同,且涉及电池的电路保护和外包装等,一般要用电池总的重量来评价其性能,常用到质量比能量的概念(Wh/kg)。

2. 倍率性能

锂离子电池在单位时间里所能输出的电量或能量称为锂离子电池的功率,一般用瓦特(W)表示。而单位质量的锂离子电池在单位时间里提供的能量则称之为比功率,用瓦特每千克表示(W/kg)。决定锂离子电池功率、比功率的因素很多,其中核心的是电极材料的倍率性能,即单位质量的活性电极材料在单位时间里能够提供的电量(mA/g、A/g)。影响阴极材料倍率性能的主要因素是其自身的电子电导率及离子电导率。目前,由于阴极材料的电子电导率、离子电导率较阳极的碳质材料要低,所以,锂离子电池的功率、比功率也只能取决于倍率性能较差的阴极材料。可见,开发高电导、高倍率性能的阴极材料也是提高锂离子电池整体性能的重要方面。

3. 循环寿命

阴极材料在长期充放电循环过程中,比容量不可避免的要发生衰减,这种衰减程度的强弱是评价其循环寿命的指标。在特定工作条件下,我们一般采用阴极材料多次循环充放电后的比容量除以其首次充放电时的比容量,所得出的百分比数值即可用来表示阴极材料的循环性能,百分比越高,循环寿命就越好。好的循环寿命是阴极材料实际使用中所要考虑的重要因素,另外,电极材料性能的稳定也和电池的安全息息相关。影响阴极材料循环寿命的因素有本身的晶态结构、导电性、工作电压范围、电流密度、工作环境温度等。

1.5.2 常用测试方法

1. 循环伏安

在锂离子电池测试中,循环伏安是研究电极材料在一定工作电压范围内锂离子注入/退出特性的方法。在测试过程中,首先选定阴极材料的工作电压范围,在该范围内,从某一起始电压(如 E_0)以恒定的电压扫描速度(mV/s)向低截止电压(E_1)或高截止电压(E_2)变化,当扫描到达 E_1 或 E_2 时,再按相反的方向继续进行电压扫描,如此反复之后,通过记录电压电位和相应的响应电流,便可得到响应电流随电极电位变化的关系图,此图就是循环伏安图。在循环伏安图中,当电压从高电位向低电位扫描时,会在某些电位处出现尖端向下的还原峰,对应着锂离子的注入过程,此时的阴极材料将发生还原反应;当电压从低电位向高电位扫描的过程中,会出现尖端向上的氧化峰,对应着锂离子的脱嵌,此时,阴极材料发生氧化反应。循环伏安图中,最为重要的几个参数是峰电位、峰电流大小及峰电位间隔。氧化还原峰所处的电位对应着锂离子的强烈嵌入/脱出,峰电流越大,表示此电位处的脱嵌行为越剧烈。通过峰的大小和位置,可以分析该电位处所发生的电极反应及其性质。根据循环伏安曲线的稳定性及氧化还原峰的电位差,可以判断脱嵌反应的可逆性,如果曲线的重合度越明显,两峰之间的电位差越小,那么反应的可逆性就越好。

2. 恒流充放电

恒流充放电测试是实验室条件下评价电池电极材料最常用也是最不可缺少的方法。在测试过程中,通过施加一恒定的电流对活性电极材料进行充放电,此时电极材料的电位将在预先设定的范围内增高或者降低。因为施加的电流大小是恒定的,所以我们通过充放电时间就可以很容易地得出阴极材料的容量、比容量及库伦效率(放电容量/充电容量)等参数。当改变电流大小时,便能获得阴极材料的倍率性能。通过反复充放过程中比容量的变化,我们还能对阴极材料的循环性能进行评价。此外,从恒流充放电的曲线图中,我们还可以进一步分析锂离子随电位变化时的注入/退出特性及阴极材料的相变等。

3. 电化学交流阻抗

电化学交流阻抗谱(EIS)是一种研究锂离子在电极材料中动力学行为的有效方法[43]。它在研究电极表面现象、测定固体电解质电导率及电极动力学过程等方面是一种重要的工具。此方法具有对体系扰动小、测量频率范围广的特点,是一种原位、无损伤的电极过程电化学测试技术。测量时,当它对体系施加小幅度的微扰,在每个测量频率点的原始数据中,都将包含微扰信号对响应信号的阻抗模值和相位移,从这些数据结果就能计算出电化学响应阻抗的实部和虚部[44,45]。因为在测量中交流信号振幅小,并且小的微扰与扰动响应之间近似呈线性关系,这使得测量结果容易处理且不会引起电极表面及系统瞬间浓度的变化。

在锂离子电池充放电过程中,电解液与工作电极的表面将形成一层表面膜,即 SEI 膜,随着循环次数的增加,表面膜的厚度会发生变化。电化学交流阻抗谱就是研究电极材料在一定嵌锂状态下,锂离子经由电解液通过

SEI 膜迁移到电极材料里面的行为[46-48]。交流阻抗谱中比较典型的体系是 Nyquist 图，锂离子由电解液经 SEI 膜迁移到电极材料内部的行为可以大致表现为高中频区的凸状半圆圈和低频区与横坐标近似呈 45 度角的斜线段，根据呈现的 Nyquist 图，可以建立拟合实验数据结果的交流阻抗等效电路模型，从而描述锂离子在电极材料中的脱嵌行为[49,50]。在本书所采用的两电极测试系统中，Nyquist 图一般分为中高频区向上凸起的一个半圆（表示电荷通过电解液/活性材料界面迁移时的阻抗和容抗），半圆右端紧随的一根斜向上的线段（代表电荷在活性电极材料里的扩散），以及半圆左端起点与横坐标的截距（代表电解液阻抗及接触阻抗），如图 1-9 所示，横坐标为阻抗实部（Z'），纵坐标为阻抗虚部（Z''）。为了简单方便，我们一般建立如图 1-10 所示的简化等效电路，其中，R_e 为电解液及接触阻抗，一

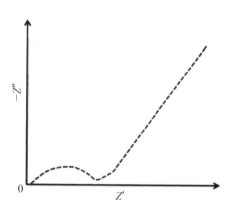

图 1-9 两电极测试中典型的 Nyquist 图

般数值很小，低于 10 Ω；R_{ct} 为电荷转移阻抗，数值从几十欧姆至几百欧姆不等，它代表了锂离子在电极材料界面迁移时的难易程度，是我们关注的重要概念；CPE 为恒相位角元件[51,52]，表示 SEI 膜的容抗，它与固体电极双电层电容有关，其频响特性不同于纯电容，带有弥散效应；W_o 为锂离子在电极材料中扩散引起的 Warburg 阻抗[53,54]。

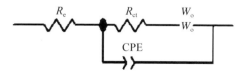

图 1-10 拟合用的简化等效电路

1.6 纳米氧化钒基阴极
材料的研究进展

在纳米氧化钒基阴极材料中,研究较多的是正交晶系的V_2O_5基及单斜晶系的$VO_2(B)$基纳米结构阴极材料。之所以要对氧化钒材料进行纳米化,是因为纳米材料与普通材料相比,具有很多优越的物理化学性质[55-60]:首先,比起微米材料来说,在纳米阴极材料中脱嵌锂可减轻对材料晶体结构的破坏,提高稳定性;其次,纳米材料能提供更大的活性比表面积,这将在很大程度上增加同电解液的有效接触,从而增加锂离子的活性注入位;此外,纳米粒子的电子及离子电导率比微米离子更高,锂离子在阴极材料中的扩散时间可简单表示为

$$t = L^2/D$$

这里,D 是扩散系数,它与阴极材料本身的性质有关,L 是离子的扩散长度,这与材料的颗粒度有关,当把阴极材料尺寸将为纳米尺度时,离子的扩散时间会明显缩短。当把纳米材料应用于锂离子电池阴极时,能够增加锂离子的活性注入位、缩短离子扩散距离、增加可逆容量、降低电极极化程度,从而提高电池的比容量和倍率性能[61-64]。

实现氧化钒纳米化的方法很多,常用的方法有水热法、溶胶凝胶法、模版法、醇盐水解法、电沉积法、电喷束法等,合成的材料包括典型的纳米结构氧化钒管、氧化钒带、氧化钒纤维等,也有准二维结构的氧化钒纳米片,以及具有分级结构的氧化钒纳米花束、纳米球等[65-69]。这些材料的电化学性能比起块体氧化钒材料有了极大的提高,表现出更高的比容量、更好的循环充放电性能和优越的倍率性能。虽然实现氧化钒纳米化的方法众多,特别是国际上有些报道,采用了高尖端的合成手段,如高温化学气象沉积、

原子层沉积、分子定向自组装等,合成过程中涉及的设备很昂贵,且合成过程中具有高耗能的特点(如电喷束),此外,合成纳米产物的量也很有限。这迫使我们寻找一种对设备要求不高、方法简便易行、能耗低的合成思路。在常用的实现氧化钒纳米化的方法中,水热法被研究者们较多的关注和使用。这是因为水热法能制得固相反应无法得到的物相和特殊结构的材料,它的实现条件也容易达到,另外,与别的方法相比,它还具有诸多优点:反应在密闭环境下进行,能有效控制反应气氛,达到亚稳态;可以在不经高温煅烧的情况下,获得结晶性良好的粉体,减弱了高温处理引起的团聚,同时也使耗能降低;通过简单地改变水热温度、反应溶剂、反应时间及前驱体形式等能够得到不同形貌和尺寸的纳米产物;反应能在较低温度和较高压下进行,产物的分散性好,产率高。本书的研究中,主要基于水热法,同时结合溶胶凝胶法和模版法,获得了多种形貌的纳米氧化钒材料,水热产物的产率也较高。

我们知道纳米氧化钒基阴极材料具有比传统阴极材料更高的比容量,很有可能成为新型锂离子电池阴极材料的候选物之一。对氧化钒材料进行纳米化是国际国内许多研究者改善其电化学性能的常用方法,各种各样形貌的氧化钒材料也被合成出来。纳米氧化钒材料种类众多,有零维的氧化钒纳米小颗粒、纳米小球等,一维的氧化钒纳米棒、纳米线、纳米带等,二维的氧化钒纳米薄片以及三维的纳米氧化钒分级结构[63, 65-74]。氧化钒材料不同的纳米结构及形貌对其电化学性能有着重要的影响。一般来说,能提供更大活性比表面积的氧化钒材料,将能够更加充分地利用其理论容量,获得高比容量的阴极材料。虽然从纯理论的角度看,零维纳米氧化钒材料的比表面积应该最大,但在实际应用中,当我们把零维材料制作成电极片时,它们将不可避免的发生团聚,很多的纳米小颗粒会聚集成较大的团簇,不能发挥其真实的高比表面积。在电化学循环过程中,我们要求活性电极材料(这里指的是氧化钒材料)与电解液有很好的浸润性,并且与电解液有尽可能大的接触面积。只有与电解液充分接触的活性材料颗粒,才能在电化学反应过程中有效地进行脱嵌锂的行为。如果纳米氧化钒小颗粒间的空隙太小(小于 10 nm),即使此时的电极材料拥有很大的比表面积和充分的孔隙结构,电解液也不能顺利地注入到这些小的间隙中或者孔结构中,也就是说,纳米颗粒间太小的孔隙对电解液的注入及电极材料性能的发挥将是无用的。只有氧化钒纳米材料里的中大孔才能有效地供电解液注入,这些孔一般直径都在几十纳米及以上。所以说,在进行氧化钒纳米化以提高其比表面积的过程中,我们要注意创造有效的比表面积,即要尽量使纳米结构单元之间的孔隙为中孔和大孔。此外,纳米化氧化钒材料由于其较小的维度,当锂离子在其中扩散时,能提供较短的扩散距离,从而大大提高了锂离子的传输速度,有利于电极材料高倍率特性的实现。另外,纳米结构具有缓解其本身机械应力的作用。当锂离子在氧化钒材料中反复脱嵌时,会产生机械性的结构应力并引起材料体积的收缩或膨胀,如果此时的氧化钒为纳米结构,它将能很好地容纳这些因应力引起的体积改变,从而大大地减弱电化学反应对氧化钒材料晶态结构的破坏,维持其结构的稳定性。

Feng 等人通过喷溅热解法并结合烧结处理制备出了准零维的五氧化二钒微球[75],直径分布为 1～8 微米,当在 1.5～4 V电压范围以 40 mA/g 的电流密度进行循环时,首次放电容量可达近 400 mAh/g,50 次循环后比容量接近 200 mAh/g。Sasidharan 等人采用聚合物胶束作为软模版[76],合成了中空的五氧化二钒纳米球,其直径只有 20 nm 左右,在 2～4 V电压范围以 0.5 C 的倍率进行循环时,首次放电比容量为 221 mAh/g,50 次循环后比容量为 181 mAh/g。可见,不同尺寸及结构的五氧化二钒纳米球,其电化学性能存在明显差异,且在不同工作电压下其显示的比容量和循环稳定性也各有特点。

在众多的纳米氧化钒材料中,研究最多的是一维纳米结构的氧化钒材料。因为它的制备方法相对简单,常用到溶胶凝胶法及水热法等。常见的一维纳米氧化钒材料有氧化钒纳米线、纳米带、纳米管、纳米棒、纳米纤维等,它们虽然在刚制备成型的时候,具有很高的活性比表面积,但在制成电极片和经过电化学反复循环后,相互之间很容易发生聚集,形成束状,造成活性表面积的大大降低。在充放电测试中,它们一般表现出首次较高的放电比容量,随后会产生显著的容量衰减,然后性能再趋于稳定,如本书第 3 章中所合成的五氧化二钒纳米带。因此,在将一维纳米氧化钒作为阴极材料使用时,要非常注重活性材料的分散问题,使之不容易团聚。Rui 等人通过简单的水热处理[77],合成了一种超长结构的五氧化二钒纳米带,该纳米带宽~20 nm,厚~10 nm,长度可达几百微米,当在 2~4 V 电压范围内,以 50 mA/g 进行充放电时,其首次容量达 297 mAh/g,20 循环后的容量为 231 mAh/g,当电流密度增加到 2 000 mA/g,它还能表现出 163 mAh/g 的比容量。

很多研究者也制备出了二维的纳米氧化钒材料,主要指的是纳米氧化钒薄片。二维纳米氧化钒材料在垂直于面的方向能提供给锂离子非常短的扩散距离,从而能够满足高倍率充放电的需求,但纳米薄层之间非常容易产生叠合,进而变厚,使得纳米薄层本有的性质不能很好地体现。所以,二维纳米氧化钒的分散问题也是制约着其电化学性能发挥的关键。如果纳米层之间能引入适当的导电剂进行支撑,将会使其性能得到很好的体现。Rui 等人采用了液相剥离技术,得到了厚度在 2.1~3.8 nm 的氧化钒薄层[78],且纳米片层之间的分散性良好。该纳米薄片极大地缩短了锂离子的扩散距离,能使锂离子在阴极材料中进行高倍率传输。当在 2.05~4 V 电压范围内以 59 mA/g 循环时,首次放电容量为 290 mAh/g,50 次循环后为 274 mAh/g,即使在 10 C 的放电倍率下,它仍具有 192 mAh/g 的比容量。

三维或者分级结构的纳米氧化钒阴极材料是近些年来研究的热点。比起零维、一维和二维纳米材料来说,它除了同样具有高的活性比表面积以外,还能够提供许多中大孔,有利于电解液的渗透。另外,纳米分级结构本身具有自支撑性。它是一种一体化的材料,在电化学循环过程中,纳米小单元不容易团聚,材料中所具有的孔道也能持久性的存在。可以知道,分级结构的纳米氧化钒比起其他低维结构的材料来说,具有更加稳定的结构,纳米结构单元不容易团聚,能够提供持久性的高活性比表面积。从电化学性能来看,在相同的测试条件下,分级结构的纳米氧化钒能表现出更加优越的电化学性能,尤其是更好的循环稳定性。Tang 等人通过液相中的直接电化学反应及老化过程[79],制备出了分级结构的五氧化二钒纳米花,它作为锂离子电池阴极材料时,表现出了极好的循环稳定性(在 50 mA/g 的电流密度下充放电时,单次循环的容量衰减仅为 0.26%)和几乎 100% 的库伦效率。

虽然对氧化钒材料进行纳米化能有效地提高其电化学性能,但在长期循环过程中,纳米结构总是不可避免地遭到破坏,引起电极材料性能的逐渐衰减。此外,氧化钒材料固有的电导率低的问题也对其性能产生很大影响,特别是大电流工作下的高倍率性能。针对这个问题,不少研究者在氧化钒纳米化的基础上,通过金属离子掺杂,导电物(主要是碳质材料和导电聚合物)复合及包覆等方法对其结构做进一步地修饰,以期改善其电化学性能。Yu 等人通过水热法结合烧结处理,制备出了 Cu 掺杂的五氧化二钒纳米花[80],它比起不掺杂的情况,表现出更好的循环稳定性及倍率性能(在 58.8 mA/g 的电流密度下经 50 次循环后,未掺杂样品的容量保持率是 69%,而适当掺杂的样品容量保持率为 85%;在 2 940 mA/g 的电流密度下测试时,未掺杂样品的比容量为 70 mAh/g,而适当掺杂样品的比容量是 126 mAh/g),这主要得益于掺杂后体系导电性及结构稳定性的提高。Zhang 等人在高温真空条件下利用纳米多孔碳为模版[81],合成了碳层包覆的五氧化二钒纳米小晶粒,该材料表现出极好的循环稳定性和高倍率特性(在 1 A/g 电流密度下,首次容量 291 mAh/g,50 次循环后为 288 mAh/g;

在 10 A/g 电流密度下,拥有 130 mAh/g 的比容量,经 50 次循环后,容量衰减仅为 2.3%)。Rui 等人合成了石墨烯支撑的五氧化二钒纳米多孔球[82],该材料也表现出一般纳米材料所没有的高倍率特性及循环稳定性。可见,在纳米氧化钒中引入导电网络,将能够极大地加强其导电性并可以充当一种有效的缓冲结构,从而改善其倍率性能和循环性能。

由于 V_2O_5 材料在锂离子首次注入过程中,将随锂注入量的增加,形成不同的相[65,66],如当注入锂的量 $x<0.01$ 时,$Li_xV_2O_5$ 为 α 相,$0.35<x<0.7$ 时,为 ε 相,当 $0.7<x<1$ 时,为 δ 相,当 $1<x<2$ 时,为 γ 相,这些相变基本都是可逆的,只是当 x 的值接近 2 时,V_2O_5 的晶相会沿 a 方向发生一些褶皱,但仍保持层状结构。如果在 γ 相的 $Li_2V_2O_5$ 中进一步插入第三个锂离子,此时的晶体结构将发生巨大的畸变,形成不可逆的岩盐结构 ω-$Li_xV_2O_5$（$2<x<3$）。由于彼此的研究侧重点不一样,不同的研究组在进行氧化钒阴极材料性能测试时,会使用不一样的充放电电压范围（V vs. Li）,即利用了不同的嵌锂晶相,因此,他们得出的性能指标有所差异,我们在进行比较时不应该一概而论。

另外,影响阴极材料电化学性能的因素很多,通常有粒径尺寸、结晶度、与导电复合剂的结合形式等[83],在材料制备的过程中,它们会相互影响,彼此有所限制,我们需要采取有效的方法对它们进行整合,以达到最能体现其性能的结构形式。

1.7 本书的研究目的及主要内容

1.7.1 研究目的

随着科技进步,人们生活方式的多样化,对新一代高性能储能设备的要求越来越高。锂离子电池作为一种重要的移动供电载体,得到了广泛的研究,对其性能的不断提高在生产生活方面意义重大。在本书的研究中,我们主要研究了新型氧化钒材料,目的是寻找合适的方法,制备出可用于高性能锂离子电池的氧化钒基阴极材料。虽然氧化钒材料的理论嵌锂容量很高,但其本身的电子电导率、离子电导率低,加上此材料在反复充放电循环过程中结构变化严重,使得它容量衰减很明显,不能充分发挥其高容量的特点,在大倍率充放电时的性能也不理想。为此,我们采用了一系列适当的方法对氧化钒材料实行纳米化,并在此基础上进一步修饰,希望能克服氧化钒体材料本身的缺陷,从而获得一类具有良好电化学性能,且在锂离子电池中具有实际应用潜力的纳米氧化钒基阴极材料。

1.7.2 主要内容

本研究中,我们以五氧化二钒为原材料,水热法为基本制备方式,并结合溶胶凝胶法、模版法以及一定的后烧结处理,合成了一系列具有纳米结构的氧化钒基锂离子电池阴极材料,如碳纳米管复合的氧化钒纳米片、炭黑点缀的氧化钒纳米带及其后烧结产物、导电聚合物复合的氧化钒纳米管、铁离子替换的氧化钒纳米管、分级结构的五氧化二钒纳米穗和一体化多孔结构的碳纳米管复合五氧化二钒。在这些纳米氧化钒基材料的制备中,我们不仅有效地对氧化钒进行了纳米化,还在此基础上对其改性或使之与导电剂复合,使纳米氧化钒基阴极材料的性能得到了进一步的改善。最终合成的一系列纳米氧化钒基阴极材料都表现出较高的比容量、良好的循环性能及倍率性能。这一方面是由于纳米结构提供了更大的与电解液有效接触的活性面积,从而增加了锂离子的活性注入位和传输速度;另一方面,作为复合物的碳质材料,不仅加强了材料自身的导电性,同时也作为一种有效的缓冲剂,在反复充放电过程中很好地缓解了锂离子嵌入/脱出时产生的结构应力,从而提高了阴极材料的循环可逆性。

我们采用溶胶凝胶法获得氧化钒溶胶,以它为前驱体在水热环境下加入一定量的多壁碳纳米管,经反应后获得了碳纳米管诱导复合的氧化钒纳米片(MWCNT - VO$_x$ nanosheet),其作为阴极材料时表现出唯一且稳定的充放电平台。

当以氧化钒溶胶为前驱体,水热下加入一定的酒精和炭黑分别作为还原剂和诱导剂,经数天水热反应后,获得了炭黑点缀的氧化钒纳米带(C - VO$_x$ nanobelt),再经高温烧结处理后,我们得到了具有高价态的五氧化二钒纳米带(V$_2$O$_5$ nanobelt)。

在水热条件下,以氧化钒溶胶为前驱体,有机十二胺为模版,通过 5 天反应制得了多壁管状结构的氧化钒纳米管(VO$_x$NTs),但由于有机模版的残留和分解,使得其电化学性能不理想。可采用导电聚合物(聚吡咯、聚苯胺)与之复合,形成电化学性能改善的复合氧化钒纳米管(PPy - VO$_x$NTs、PAn - VO$_x$NTs)。

在氧化钒纳米管的基础上,我们采用了阳离子替换法,有效地去除了纳米管管壁间的有机模版,并且很好地保存了其多壁管状结构,获得了钒价态较高的 Fe - VO$_x$NTs,它的电化学性能较原始的 VO$_x$NTs 有了很大的提高。

通过空气中控温烧结处理氧化钒纳米管(VO$_x$NTs),可以制得具有分级结构的五氧化二钒纳米穗(V$_2$O$_5$ nanospike),它的电化学性能优越,首次接近 V$_2$O$_5$ 的理论容量,多次循环后,还能保持近 200 mAh/g 的容量。

当采用多壁碳纳米管为导电骨架,氧化钒溶胶为前驱体,水热条件下能发生质子化并显示正电性的有机十六胺(C$_{16}$H$_{33}$NH$_3^+$)作为中介剂时,在静电相互作用下,质子化的 C$_{16}$H$_{33}$NH$_3^+$ 将能够连接水热下显弱负电性的氧化钒层和 MWCNTs,使得三者形成均匀的复合结构。在随后的烧结过程中,对电化学性能没有贡献的有机胺将被除去,最后获得了一体化多孔结构的碳纳米管复合五氧化二钒(MWCNT - V$_2$O$_5$)。该阴极材料表现出高的比容量、良好的循环性能及倍率性能。

第2章
碳纳米管诱导复合的氧化钒纳米片

2.1 引　言

　　人们对电子设备中高能量密度、长循环寿命锂离子电池的需求不断增大。而高比容量、良好循环性能阴极材料是进一步提高锂离子电池整体性能的关键。因此,阴极材料的研究受到研究者们越来越多的关注。五氧化二钒(V_2O_5)是一种新型的锂离子电池阴极材料,它比起传统的阴极材料,如$LiMn_2O_4$,$LiCoO_2$,$LiFePO_4$等,显示出更高的理论比容量[1]。同时,五氧化二钒资源分布广、价格也相对便宜。这些特点使它作为新型的高性能锂离子电池阴极材料使用时更具有吸引力。然而,一般晶态粉末状的五氧化二钒在长期充放电循环过程中的容量保持率很低,阻碍了它在锂离子电池商业领域中的应用。五氧化二钒作为锂离子电池阴极材料时,在充放电过程中,会经历多个相变,对应着充放电曲线中的多个平台,这些相变将会对五氧化二钒的晶态结构造成反复的损坏[2-4]。近些年来,一些报道指出,V_2O_5的结构稳定性可以通过掺杂(如Li^+,Cu^{2+}和其他过渡金属阳离子)[5]、复合(导电聚合物或碳质材料)及设计特定的形貌(合成纳米结构)来改善[6-8]。值得注意的是,设计特定的纳米结构已经被许多材料研究者

证明是一种提高 V_2O_5 阴极材料电化学性能的有效方法。因为纳米结构能提供更高的活性面积,同时也能很好地缓解锂离子脱嵌过程中造成的结构应力。通过不同的物理化学过程,研究者们成功地合成了多种纳米尺度的氧化钒阴极材料,如氧化钒纳米棒[9]、纳米管[10]、纳米线[11]及纳米卷[12]等。但实现氧化钒纳米化的一些方法中通常涉及精密的制备仪器、昂贵的前驱体材料、复杂的工艺流程及苛刻的合成条件,如基于模版的生长、电泳沉积[13]、电化学沉积[14]等。此外,在合成过程中的高能耗也是不可避免的。因此,寻找简单方便的合成手段是实现纳米氧化钒阴极材料商业化应用的关键。

　　本章节中,我们报道了一种通过简单溶胶凝胶过程结合水热处理制备碳纳米管复合氧化钒纳米片阴极材料的方法。该方法采用较为廉价的 V_2O_5 粉末和双氧水作为原材料、含特氟龙内胆的水热釜作为反应器、常用的恒温箱作为温度调控设备。实际上,合成碳纳米管复合氧化钒纳米片(MWCNT - VO_x nanosheet)的过程中既涉及了复合作用,又实现了设计特定纳米形貌的目的。到目前为止,很少有报道是在水热条件下直接利用多壁碳纳米管作为导电添加剂来制备纳米尺度的氧化钒阴极材料。

2.2　氧化钒纳米片的诱导合成

　　在合成 MWCNT - VO_x nanosheet 的过程中,主要分为前驱体氧化钒溶胶的制备和水热条件下多壁碳纳米管的诱导复合两个过程。

2.2.1　氧化钒溶胶的制备

　　原材料为晶态 V_2O_5 粉末和浓度为 30% 的双氧水(H_2O_2),制备氧化钒溶胶的过程具体如下:首先,把 1.02 g V_2O_5 粉末慢慢分散在 80 mL 双氧水中,然后进行充分的磁力搅拌。在搅拌过程中,将有大量的气泡产生并伴随有剧烈的放热现象,大约半小时后,形成亚稳态的钒过氧化合物溶胶[15],经过一段时间的老化后,最后形成橙红色的氧化钒溶胶。

2.2.2　水热下碳纳米管的诱导复合

首先通过混酸预处理的方法对多壁碳纳米管进行分散和表面修饰,过程如下:将 0.67 g 多壁碳纳米管(MWCNTs)投入到 40 mL 浓硫酸和浓硝酸的混合溶液中(H_2SO_4∶HNO_3＝3∶1,体积比),在40℃下超声振荡2小时,然后高速离心获得黑色沉淀物,再用醇水混合液反复洗涤,经过滤、干燥后,得到表面修饰的多壁碳纳米管。取 0.18 g 混酸预处理后的MWCNTs 分散到已经制备好的氧化钒溶胶中,将所形成的黑色悬浊液继续磁力搅拌6～8小时,然后将黑色溶胶状液体移入含特氟龙内胆的不锈钢水热釜中。水热釜置于180℃的恒温箱中进行3天的水热反应,最后得到的黑色沉淀物经洗涤过滤后在真空条件下以80℃干燥8小时,所获得的黑色粉末便是多壁碳纳米管复合的氧化钒纳米片(MWCNT‐VO_x nanosheet,sample 1)。为了进行比较,没有添加碳纳米管的氧化钒溶胶,也经同样的水热处理过程,生成了相应的氧化钒产物(sample 2)。

2.3　碳纳米管复合氧化钒纳米片的表征

场发射扫描电子显微镜(FESEM,Philips‐XL‐30FEG),透射电子显微镜(TEM,JEOL‐1230)和选区电子衍射(SAED)用来观察样品的结构和形貌。TEM 应用 200 kV 的 JEOL‐1230 元件进行加压运转。TEM 测试中的样品粉末通过酒精溶液分散在铜网上。X 射线衍射图谱(XRD)由带 Cu Kα(λ＝1.540 6 Å)辐射源的 RigataD/max‐C X 射线衍射仪收集,衍射

数据记录在 $10°\sim60°$ 的范围内(2θ)。热失重(TG)-不同温度扫描热分析(DSC)在型号为 SDT Q600 热分析器上进行,温度范围在 $50℃\sim650℃$,升温速率为 $10℃/min$,气氛为空气气氛。傅立叶红外光谱(FTIR)在 $400\sim4\,000$ 波数范围内通过 Bruker - TENSOR27 红外光谱计获得,采用 KBr 压片作为样品载体。拉曼光谱(Raman spectrum)测试在 Horiba Jobin Yvon LABRAM - HR800 型拉曼激光光谱计上进行。X 射线光电子能谱(XPS)测试在带有镁 $K\alpha$ 辐射源($h\nu=1\,253.6$ eV)的 RBD upgraded PHI - 5000C ESCA (Perkin Elmer)系统上完成,通过碳元素($C_{1s}=284.6$ eV)进行结合能的校准,数据分析及拟合采用 XPS Peak4.1 软件进行。

2.3.1　碳纳米管复合氧化钒纳米片的形貌及结构

如图 2 - 1 所示,图 2 - 1(a)和图 2 - 1(b)分别给出了没有加入碳纳米管的水热氧化钒产物(VO_x,Sample 2)和碳纳米管复合的氧化钒纳米片($MWCNT - VO_x$ nanosheet,Sample 1)的 FESEM 图。由图可知,MWCNTs 的加入对片状形貌的产生是至关重要的。没有加入 MWCNTs 的水热产物不具有规则的形貌,仅仅表现出团聚性的大颗粒和块体材料,但水热过程中加入了 MWCNTs 的产物表现出规则的片状结构,该片长度为几微米、宽为几百纳米、厚为几十纳米(图 2 - 1(b),图 2 - 1(c))。这说明,水热条件下,MWCNTs 的存在有利于片状形貌的产生,导致了氧化钒纳米片的定向生长[16]。在这个实验中,对 MWCNTs 进行混酸处理的目的是加强它的表面活性且提高它在水溶液中的分散性[17,18]。图 2 - 1(b)和图 2 - 1(c)也表明 MWCNTs 很好地分散在片层材料之间,也有一些贴附在片层的表面。TEM 的观察结果及相应的 SAED 图(图 2 - 1(c)中的插图)确定了所合成的氧化钒纳米片为单斜晶系结构,且沿着[010]* 方向表现出优先生长。此外,单个纳米片的高倍 TEM 图(图 2 - 1(d))清晰地显示出了其格纹,格纹所代表的晶面间距为 0.352 nm,对应着它的(110)面。

图 2 - 1　直接水热的 VO_x 产物 SEM 图(a);MWCNT - VO_x nanosheet 的
SEM 图(b),TEM 图(c)和高倍 TEM 图(d)

2.3.2　碳纳米管复合氧化钒纳米片的 XRD 分析

图 2 - 2 给出了晶态 V_2O_5 粉末、MWCNT - VO_x nanosheet(sample 1)
及直接水热得到的 VO_x(sample 2)的 XRD 图谱。V_2O_5 粉末显示出一系列的
(200),(001),(101),(110),(400)等特征衍射峰。然而,MWCNT - VO_x
nanosheet 的衍射图案中仅仅显示出了一套(00ℓ)系列峰,对应着样品的层状
结构。氧化钒纳米片的主要衍射峰能够归为单斜晶系结构 VO_2(B)相的
(00ℓ)晶面,VO_2(B)的晶格常数为 $a=12.03$ Å,$b=3.693$ Å,$c=6.42$ Å
(JCPDS No:31 - 1438),其中,(001),(002)和(003)的衍射峰强度占主要,
说明合成的 VO_2(B)组分具有沿(001)面优先生长的趋势[19]。与此同时,

MWCNT 和少量五氧化二钒的存在可能会减弱氧化钒纳米片的 XRD 峰强。总之,可以知道,老化的氧化钒溶胶加入表面修饰的 MWCNTs 后在 180℃水热处理下主要生成单斜晶系结构的片状 VO_2。直接水热获得的 VO_x(Sample 2)的 XRD 图谱显现出多晶特性,不能归为任何已知的特定晶型。

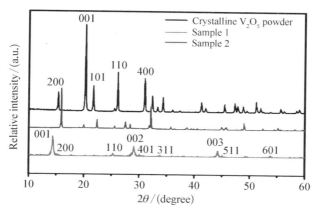

图 2-2　V_2O_5 粉末、MWCNT-VO_x nanosheet(sample 1)和水热直接产物 VO_x(sample 2)的 XRD 图谱

2.3.3　碳纳米管复合氧化钒纳米片的红外和拉曼分析

图 2-3(a)显示了 MWCNT-VO_x nanosheet (sample 1)和 VO_x (sample 2)的红外光谱图(FTIR)。样品 2 中在 515 cm^{-1},758 cm^{-1} 和 1 000 cm^{-1} 处的吸收峰可分别归应为端基氧的振动(V=O),共角配位桥氧的振动和共边配位链氧的振动[20]。样品 2 的特征吸收峰与 V_2O_5 的很相似,说明样品 2 的主要组分是 V_2O_5。样品 1 和 2 中在 1 620 cm^{-1} 和 3 420 cm^{-1} 处都出现的峰可分别归为结合水中 H—O—H 键的弯曲振动和 O—H 键的伸缩振动[21]。对比而言,样品 2 中出现在 1 000 cm^{-1} 处的吸收峰在样品 1 中向低波数移动到了 914 cm^{-1} 处,这是由于样品 1 中 V^{5+}=O 键的大量减少以及 V^{4+}=O 键的大量出现。因为 V^{4+} 的离子半

径比 V^{5+} 的大,所以 $V^{4+}=O$ 键具有更大的键长,从而表现出降低的振动频率[22]。这表面氧化钒溶胶中的 V^{5+} 离子在 MWCNTs 存在的水热反应中被大量还原成了氧化钒纳米片中的 V^{4+} 离子。值得注意的是,在样品 1 中代表结合水存在的两个吸收峰的相对强度比起样品 2 减弱了很多,说明氧化钒纳米片中含有更少的结合水。样品 1 中配位链氧的吸收峰从 515 cm^{-1} 移动到 529 cm^{-1},这可能是配位几何上的晶格扭曲造成[23]。

如图 2-3(b)的拉曼光谱(Raman spectra)所示,样品 2 中出现在 519,686 和 988 处的拉曼峰可分别归为氧化钒中链氧、桥氧和端基氧的伸缩振动模式[24,25]。在低频区出现的两个峰(138 cm^{-1},190 cm^{-1})可归为链的平移,它们与氧化钒的层结构有关[26,27]。坐落在 403 cm^{-1} 和 279 cm^{-1} 处的两峰可归为 $V=O$ 双键的弯曲振动模式[28,29]。根据 Lee

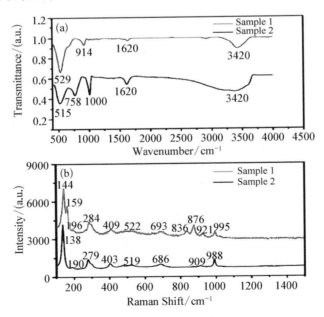

图 2-3　MWCNT-VO$_x$ nanosheet(sample 1)和水热直接
产物 VO$_x$(sample 2)的红外(a)及拉曼光谱(b)

等人的研究,909 cm^{-1} 出的弱峰是由 V^{4+}═O 键的振动引起,V^{4+}═O 键来自 V^{5+}═O 键的直接转化,表明少量的 V^{4+} 出现在样品 2 中。从 MWCNT‐VO$_x$ nanosheet(sample 1)的拉曼光谱可知,坐落在 144,196,284,409,522,693,921 和 995 cm^{-1} 处的拉曼峰,比起样品 2 中的情况,都稍稍地朝高频区移动了。然而,样品 1 中出现了两个新的拉曼峰 (836 cm^{-1} 和 876 cm^{-1})。其中,876 cm^{-1} 处的峰可归为氧化钒干凝胶典型的拉曼模式[30]。基于 Srivastava 的研究[31],VO$_2$ 的拉曼活性模式会引起 836 cm^{-1} 处的峰。因此,在 836 cm^{-1} 和 921 cm^{-1} 处两个明显拉曼峰的出现表明样品 1 中 V^{4+} 的大量存在。

我们认为,在水热过程中,氧化钒溶胶在 MWCNTs 存在的情况下趋向于定向结晶,然后形成氧化钒纳米片[32,33]。根据推测,当 MWCNTs 存在时,在水热处理的起始阶段,氧化钒溶胶中的 V^{5+} 离子将部分被还原成 V^{4+} 离子,同时形成微小的 VO$_2$ 晶体,这些小晶粒将作为种子继续定向长成以 VO$_2$ 为主要组分的纳米片[34]。

2.3.4　碳纳米管复合氧化钒纳米片的 XPS 分析

XPS 技术用来进行组分识别及元素量的分析。样品 1 和样品 2 的 XPS 全谱分别在图 2‐4(a)和图 2‐4(b)中给出。图 2‐4(a)显示,样品 1 主要由 V、O、C 元素组成,图中较强的 C$_{1s}$ 峰来自纳米片中的 MWCNTs。如图 2‐4(c)和图 2‐4(d)所示,样品 1 和样品 2 的 V$_{2p}$ 区段都可分为 V$_{2p3/2}$ 和 V$_{2p1/2}$ 两个峰。样品 1 和样品 2 的 V$_{2p3/2}$ 中心结合能分别位于 516.3 eV 和 517.2 eV。为了进一步分析钒元素的化学结合态,我们利用 XPS Peak4.1 软件拟合实验数据。V$_{2p3/2}$ 峰可拆分成位于 517.3 eV 和 516.4 eV 处的两个峰,它们分别对应着 V^{5+} 和 V^{4+} 的特征能谱[35]。通过对样品 1 和样品 2 中 V$_{2p3/2}$ 峰的拟合,我们发现实验数据和拟合数据对应得很好。为了获得样品中 V^{5+} 和 V^{4+} 的量,我们根据它们的峰面积比进行了估算。定量分析显示,样品 1 的 V^{5+} 浓度为 16.7%,V^{4+} 浓度为 83.3%;而样品 2 中有 74% 的 V^{5+} 和 26% 的 V^{4+}。它表明氧化钒溶胶中的大多数 V^{5+} 元素在水热条件下通过 MWCNTs 的诱导及还原作用被转化成了 V^{4+}。此外,它确定了氧化钒纳米片的主要组分是 VO_2。图 2-5 给出了样品 1 中 MWCNTs 的 C_{1s} 峰,它可以通过五个不同碳峰的重叠进行拟合,五个碳峰分别是 C=C(284.4 eV),C—C(285.1 eV),C—OH(286.2 eV),C=O(287.5 eV) 和 HO—C=O(290.6 eV)[36,37]。从峰面积的比来看,样品 1 中 MWCNTs 的主要功能基团是 C—OH(12.5%) 和 C=O(6%)。这些含氧功能基团一方面是前期混酸处理引起,另一方面也由后期水热反应导致[38,39]。

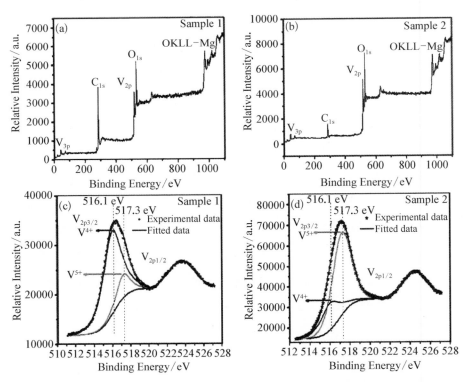

**图 2-4　MWCNT-VO$_x$ nanosheet(sample 1)的 XPS 全谱(a)及 V$_{2p}$放大区段(c);
水热直接产物 VO$_x$(sample 2)的 XPS 全谱(b)及 V$_{2p}$放大区段(d)**

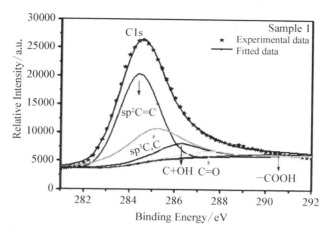

图 2-5　**VO$_x$ nanosheet（sample 1）中 MWCNT 的 C$_{1s}$ 放大区段**

2.3.5　碳纳米管复合氧化钒纳米片的 TG-DSC 分析

MWCNT-VO$_x$ nanosheet 的热失重（TG）-不同扫描热分析（DSC）曲线如图 2-6 所示。从 O 点（50℃）到 A 点（401.9℃）2.76% 的热失重是由于吸附及结合水分子的蒸发。从 A 点（401.9℃）到 B 点（446.7℃）2.85% 的热增重是由于低价态的 V^{4+} 在空气中氧化成高价态的 V^{5+}[40,41]。从 B

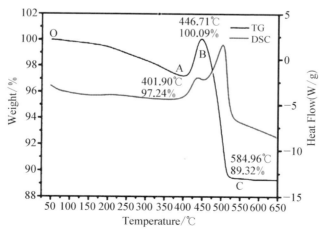

图 2-6　**MWCNT-VO$_x$ nanosheet 的 TG-DSC 曲线**

点(446.7℃)到 C 点(585℃)的第二部分热失重(10.77%)是样品中 MWCNTs 在空气中的氧化分解引起。当 V^{4+} 被氧化及 MWCNTs 被热分解时,分别出现了两个明显的放热峰。TG－DSC 的测试结果进一步说明了氧化钒纳米片中存在大量的 V^{4+}。

2.4　碳纳米管复合氧化钒纳米片的电化学性能

循环伏安(CV)测试采用 CHI660C(Chenghua,Shanghai)电化学工作站,扫描速率为 5 mV/s,扫描范围为 1.5～4 V;电化学交流阻抗谱(EIS)测试在 3.1 V 的充电态(SOC)下进行,频率范围为 100 kHz 至 0.01 Hz,交流信号幅度为 5 mV;恒流充放电采用蓝电电池测试系统,电流密度为 50 mA/g,充放电范围在 1.5～4 V;所有的测试均在室温(大约 25℃)下进行。

2.4.1　电极材料的制备及扣式电池的组装

阴极极片的制作为:将 70 wt% 的碳纳米管复合氧化钒纳米片(MWCNT－VO$_x$ nanosheet)或直接水热的氧化钒产物(VO$_x$),20 wt% 的导电炭黑,10 wt% 的聚偏氟乙烯(PVDF)的混合物分散在 N 甲基吡咯烷酮有机溶剂中,然后把形成的浆料均匀涂抹在铝箔上,经真空干燥去溶剂后,裁成圆形阴极片。锂片为阳极,电解液为 1 mol/L 的 LiPF$_6$ 溶解在体积比为 1/1 的碳酸乙烯酯/碳酸二甲酯有机混合溶剂中,隔膜型号为 Celgard 2500,最终在充满氩气的手套箱里组装成扣式电池进行阴极性能的测试。

2.4.2　循环伏安测试

图 2－7 给出了样品 1(MWCNT－VO$_x$ nanosheet)和样品 2(直接水热

形成的 VO_x)在 $1.5 \sim 4$ V 区间以 5 mV/s 扫描时的循环伏安曲线。向下的还原峰和向上的氧化峰分别代表锂离子在阴极材料中的嵌入和脱出。明显可以看出,样品 1 仅仅显示出一对氧化还原峰,表示在整个电化学过程中只有单一的相变发生。在样品 1 中,2.25 V 处的还原峰和 2.93 V 处的氧化峰主要对应着 V^{4+} 转变成 V^{3+} 的还原过程和 V^{3+} 转变成 V^{4+} 的氧化过程。样品 1 的氧化还原峰明显要比样品 2 尖锐,表明样品 1 在锂离子注入/退出过程中具有更高的比容量和更快的动力学特性[42]。可以看到,样品 2 在锂离子注入过程中有三个还原峰,分别位于 3.48 V,3.18 V 和 2.4 V,它们对应着三个不同的注入阶段,表示三个不同的相变过程,相应的氧化峰出现在 3.14 V 和 3.16 V,表示锂离子的脱出。

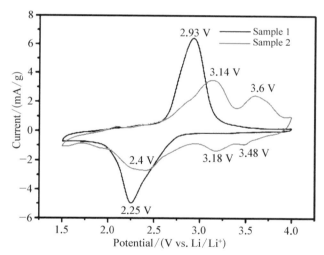

图 2 - 7　MWCNT - VO_x nanosheet(sample 1)和水热直接产物 VO_x(sample 2)的循环伏安曲线

2.4.3　恒流充放电测试

图 2 - 8 给出了样品 1(MWCNT - VO_x nanosheet)和样品 2(直接水热形成的 VO_x)在 $1.5 \sim 4$ V 以 50 mA/g 的电流密度测试时前 5 次充放电

曲线。可以看到,样品 1 仅仅表现出一个充电平台(2.6 V)和一个放电平台(2.5 V),对应着单一的相变过程。在 2.7~2.4 V 的首次放电容量占了总放电容量的 64%,当区间扩大为 3~2 V,这个比例高达 82%。这说明新型的 MWCNT‐VO$_x$ nanosheet 阴极材料在窄电压范围内具有极好的充放电性能。样品 2 显示出两个充电平台(大约 2.65 V 和 2.9 V)和两个放电平台(大约 2.85 V 和 2.55 V),对应着多相变过程。样品 2 的前 5 次放电容量逐渐降低,比起样品 2,样品 1 的放电容量更高且更加稳定,这主要得益于样品 1 的单相变特性、纳米化结构及 MWCNTs 复合。

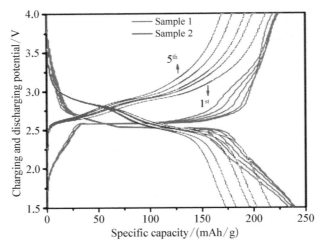

图 2‐8   MWCNT‐VO$_x$ nanosheet(sample 1)和水热直接
产物 VO$_x$(sample 2)的前 5 次充放电曲线

当电池在 1.5~4 V 区间以恒定电流 50 mA/g 进行循环测试时,样品 1 的最高容量是 238 mAh/g,50 次循环后为 151 mAh/g;样品 2 在同样的测试条件下首次容量为 215 mAh/g,50 次循环后,将为 56 mAh/g,如图 2‐9 所示。可以发现,比起样品 2,样品 1 具有更好的循环性能及更大的比容量,这一方面是因为氧化钒纳米片有更大的活性比表面积和缓冲性的纳米结构,能提供更多的锂离子活性注入位,同时能很好的缓解脱嵌过程造成的结构应力[43];另一方面,MWCNTs 均匀地分散在纳米片之间,可以加强材料本身的导电性,有利于锂离子在阴极材料中的快速输运。样品 2 的容量衰减很严重,这是由于活性物质团聚和大量结合水的存在造成。值得注意的是,MWCNT - VO$_x$ nanosheet 的最大放电比容量出现在第 3 次循环,表明它在深度充放电过程中具有一个逐渐活化的过程。

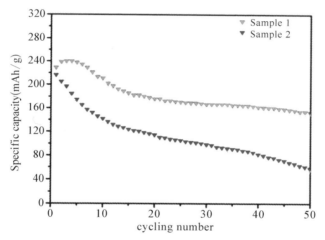

图 2 - 9　MWCNT - VO$_x$ nanosheet(sample 1)和水热直接
产物 VO$_x$(sample 2)的循环充放电性能

2.4.4　电化学交流阻抗谱测试

电化学交流阻抗谱(EIS)在 3.1 V 的充电态(SOC)下以 5 mV 的交流信号幅度进行测试。样品 1 和 2 的 Nyquist 图如图 2 - 10 所示,它们在高频区显示出一个凸起的半圆,在低频区显示一根斜线段,分别表示在电极/电解液界面处的电荷转移反应以及锂离子在电极材料中扩散时的Warburg 阻抗[44,45]。通常,半圆的直径越小,则其电荷转移电阻就越小[46,47]。较低的电荷转移电阻将使锂离子和电子传递得更快,能够加强电极反应的动力学性质。如图所示,样品 1 在高频区的半圆直径比样品 2 要小,表明 MWCNT - VO$_x$ nanosheet 具有更低的电荷转移电阻。我们采用 Z - view 软件,根据图 2 - 10 中插图所示的等效电路对实验数据进行拟合,其中,R_e 表示电解液电阻、R_{ct} 代表电荷转移电阻、CPE 是与双电层电容有关的恒相位角元件、W_o 是与低频区斜线有关的 Warburg 阻抗,反映了 Li$^+$ 在阴极材料里的固态扩散。经过拟合,样品 1 的 R_{ct} 值明显比样品 2 要小,如表 2 - 1 所列。MWCNT - VO$_x$ nanosheet 更低的电荷转移电阻是由于它更大的活性比表面积以及 MWCNTs 的存在,因为它的纳米结构能提供更短的锂离子扩散距离[48],而复合的 MWCNTs 增加了它的导电性[49]。

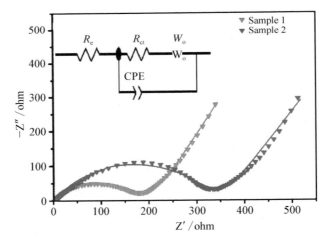

图 2 - 10　MWCNT - VO$_x$ nanosheet(sample 1)和水热直接产物
VO$_x$(sample 2)在 3.1 充电态下的 Nyquist 图

表 2 - 1　样品 1 和样品 2 中,电解液电阻(R_e)及电荷转移电阻(R_{ct})的拟合值

	R_e	R_{ct}
Sample 1	2.57 Ω	152.8 Ω
Sample 2	2.51 Ω	308.3 Ω

2.4.5　锂离子扩散系数的计算

　　锂离子扩散系数反映了锂离子在电极活性材料中的传输特性,扩散系数越大,表明锂离子的扩散越容易,电极材料快速脱嵌锂的性能也就越好。我们可以根据如下公式来进行锂离子扩散系数的计算[50-52]:

$$D_{\mathrm{Li}^+} = \frac{1}{2}\left(\frac{V_M}{nFS}\left|\left(\frac{\mathrm{d}E}{\mathrm{d}x}\right)_n\right|\frac{1}{A_\omega}\right)^2$$

其中,V_M 为摩尔体积(取 19.48 $\mathrm{cm}^3/\mathrm{mol}$);$F$ 为法拉第常数(96 485.34 C/mol);S 为电极片有效面积(1.13 cm^2);n 为活性物质电荷转移数;$\mathrm{d}E/\mathrm{d}x$ 表示一定充电态下电极电压随锂离子注入量的变化(如图 2-11 所示,充电态为 3.1 V,计算所得值为 12.26);A_w 是 Warburg 系数,可通过绘制在低频区的实阻抗与根号下频率的倒数($Z'\text{-}\omega^{-1/2}$)图,再求斜率得出,如图 2-12 所示($A_w = 17.81$)。计算结果表明:MWCNT-VO_x nanosheet 阴极材料在 3.1 V 充电态下的锂离子扩散系数 $D_{\mathrm{Li}} = 2.01 \times 10^{-10}\ \mathrm{cm}^2/\mathrm{s}$,这一数值比五氧化二钒原材料要高($10^{-13}—10^{-11}\ \mathrm{cm}^2/\mathrm{s}$)。

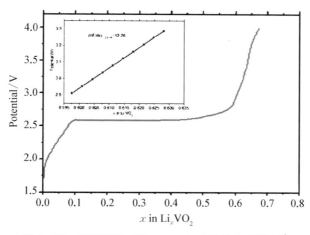

**图 2-11　MWCNT-$\mathbf{VO}_x$ nanosheet 工作电压随 $\mathbf{Li}^+$
注入量的变化(插图为 3.1 V 左右的情况)**

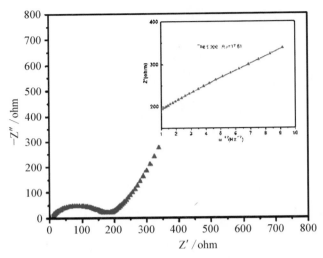

图 2 - 12　MWCNT - VO$_x$ nanosheet 的 Nyquist 图
及其低频区的 Z'- ω$^{-1/2}$ 图

2.5　本 章 小 结

在本章中,我们通过溶胶凝胶法和水热法成功地合成了一种多壁碳纳米管诱导的氧化钒纳米片复合物(MWCNT - VO$_x$ nanosheet)。在水热条件下,混酸处理过的多壁碳纳米管的存在有利于氧化钒溶胶的还原和定向结晶,最后导致单斜晶系氧化钒纳米片的形成,该纳米片的主要组分是 VO$_2$(B)。此外,纳米片材料中均匀分散的 MWCNTs 能有效地提高整体的电导率。之后的电化学测试表明:这种 MWCNT - VO$_x$ nanosheet 复合阴极材料具有显著的单相变特征,在充放电过程中,它分别只有一个充电和放电平台。这一新颖的复合材料作为锂离子电池阴极时,表现出高的比容量及良好的循环可逆性。

第3章

炭黑诱导复合的氧化钒纳米带及其后烧结产物

3.1 引　　言

目前,锂离子电池作为一种流行的供电设备在各种便携式电子器件和电动汽车上得到了广泛的应用。人们急切地需求高能量密度、高功率密度、良好循环性能的新型锂离子电池。阴极材料锂离子电池中的重要组件,传统的阴极材料,如 $LiCoO_2$、$LiMn_2O_4$ 和 $LiFePO_4$ 等,仅仅具有相对较低的实际比容量(大约在 $140\sim170$ mAh/g)[1-3],这极大地限制了锂离子电池性能进一步地提高。为了开发高性能锂离子电池,许多研究者致力于新型可替代型锂离子电池阴极材料的研究[4]。五氧化二钒(V_2O_5)作为一种具有潜在应用前景的阴极材料候选物受到了广泛的研究,因为它价格相对便宜、毒性低、容易合成,最重要的是它的高理论比容量[5-7]。由于 V_2O_5 的特殊层状结构及钒原子具有的多重氧化态(V^{3+} 到 V^{5+})[8],当一分子 V_2O_5 注入三个 Li^+ 时,它的比容量可接近 440 mAh/g。不幸的是,由于商业化 V_2O_5 粉末固有的结构不稳定、低电子电导率以及低离子扩散率,使得它作为锂离子电池阴极材料时的电化学性能很不理想。在电化学循环过程中,

块体 V_2O_5 阴极材料的容量衰减很严重，多次循环后的比容量甚至还比不上传统阴极材料，在大倍率充放电情况下，性能更差[9,10]。我们知道，纳米尺度的氧化钒具有更大的比表面积，能够为锂离子提供更多的电化学活性注入位，同时，缩短锂离子在材料中的扩散长度，达到提高其比容量，改善其倍率性能的目的。此外，纳米尺度结构的氧化钒能有效地缓解锂离子注入/脱出过程中所造成的结构应力，有利于在长期循环中保持其结构的稳定性。在很多研究中，通过各种各样的方法，如水热法、模版法、溶胶凝胶法、电喷束、电沉积和反胶束技术等，合成了多种纳米结构的氧化钒材料，如纳米纤维、纳米棒、纳米管及分级纳米结构等[11-18]。这些纳米化材料作为阴极时，都表现出比原材料更好的性能。另外，不少研究者在氧化钒纳米化的基础上，继续采用碳质材料进行复合，在电化学性能改善方面取得了不错的成果，特别是有效地提高了材料的循环性能和倍率性能。但目前很多实现氧化钒纳米化的方法一般都涉及精密的设备、烦琐的程序和苛刻的合成条件（如高温真空条件），并且样品的产率也很低[19-22]。所以，一种简便且产率高的合成方法对材料的实际应用是非常有意义的。

在本章节里，我们通过溶胶凝胶法结合水热法成功制备出了炭黑复合的氧化钒纳米带。由于它的纳米带状形貌和紧密附着在其表面起导电作用并充当缓冲剂的炭黑小颗粒，这种炭黑复合的氧化钒纳米带（C - VO_x nanobelt）作为锂离子电池阴极材料时表现出了高的比容量和良好的循环稳定性（首次放电容量 232 mAh/g，50 次循环后为 195 mAh/g）。通过空气中的后烧结处理，C - VO_x nanobelt 将完全转变成正交晶态的五氧化二钒纳米带（V_2O_5 nanobelt），这种具有更高钒价态的 V_2O_5 nanobelt 表现出很好的电化学性能，尤其是更高的比容量（首次 406 mAh/g，50 次循环后为 220 mAh/g）。我们还对 V_2O_5 nanobelt 进行了不同电压范围及不同倍率下的性能评估。

3.2　炭黑复合氧化钒纳米带的合成

3.2.1　前驱体溶胶的制备

具体过程如下：0.5 g 商业化五氧化二钒粉末（V_2O_5）加入到 80 mL 浓度为 30% 的双氧水（H_2O_2）中，磁力搅拌大约 30 分钟后，将产生强烈的放热并伴随有气泡的产生，最后形成橙色的亚稳态过氧化钒溶胶[23]。老化几个小时后，形成了较稳定的氧化钒溶胶。

3.2.2　水热条件下的诱导合成

将 50 mg 炭黑分散在 3 mL 无水乙醇中，形成黑色悬浊液。将该悬浊液倒入氧化钒溶胶中并在常温下超声振荡 1 小时，然后把最终的黑色溶液密封到含聚四氟乙烯内胆的水热釜中（容量为 100 mL），并置于 180℃ 的恒温箱中水热反应 3 天。反应结束后，让水热釜自然冷却至室温，将所获得的黑色沉淀物用去离子水和酒精反复漂洗并过滤后，在 80℃ 下干燥 6 小时。最后得到的黑色粉末样品即为炭黑复合的氧化钒纳米带（C - VO_x nanobelt）。为了研究炭黑在水热下的作用，另一未加炭黑的样品也按照上述过程制备出来，并标记为氧化钒片层（VO_x sheet）。制备过程中所用的原材料均为分析纯级别，并且未做进一步处理。

3.2.3　产物的后烧结处理

取一部分炭黑复合的氧化钒纳米带（C - VO_x nanobelt）置于马弗炉中，在 500℃ 空气气氛下高温处理 2 小时，加热阶段的升温速率为 5℃/min，热处理后，使马弗炉自然降温至室温环境。烧结所得到的黄色粉末物为正交晶系的五氧化二钒纳米带（V_2O_5 nanobelt）。

3.3 炭黑复合氧化钒纳米带 及其后烧结产物的表征

透射电子显微镜（TEM,JEOL-1230）和场发射扫描电子显微镜（FESEM,Philips-XL-30FEG)被用来观察样品的结构和形貌。TEM 测试中的样品粉末通过酒精溶液分散在铜网上。X 射线衍射图谱（XRD）由带 Cu Kα(λ=1.540 6 Å)辐射源的 RigataD/max-C X 射线衍射仪收集,扫描步长为 0.06°/秒。傅立叶红外光谱（FTIR)在 400~4 000 波数范围内通过 Bruker-TENSOR27 红外光谱计获得,采用 KBr 压片作为样品载体。

3.3.1 炭黑复合氧化钒纳米带及其后烧结产物的形貌

水热下未加炭黑的直接产物-氧化钒片层（VO_x sheet)和炭黑诱导复合的氧化钒纳米带（$C-VO_x$ nanobelt)在不同放大倍率下的 SEM 图像分别如图 3-1 (a),(b)和图 3-1 (c),(d)所示。在图 3-1 (c),(d)中,$C-VO_x$ nanobelt 显示出典型的纳米带状形貌,长度超过 10 微米,宽度在 200 nm 左右。特别值得注意的是,很多直径几十纳米的炭黑小颗粒紧紧地附着在这些纳米带的表面,形成了独特的炭黑点缀的氧化钒纳米带（$C-VO_x$ nanobelt）。在同样水热制备条件下,但是未加入炭黑时,氧化钒溶胶形成的样品为不规则且彼此团聚在一起的小片层,本章中我们称之为氧化钒片层（VO_x sheet）,如图 3-1 (a),(b)所示。

图 3-2 给出了 $C-VO_x$ nanobelt 的 TEM 及高倍率 TEM（HR-TEM)图。图 3-2 (a)显示了 $C-VO_x$ nanobelt 的侧面图,可以看到它具有几十纳米的厚度。正如我们所知,$C-VO_x$ nanobelt 样品在 TEM 测试前,要先分散在酒精溶液中超声振荡。在超声振荡后,这些炭黑小颗粒依

图 3 - 1　VO$_x$ sheet（a,b）和 C - VO$_x$ nanobelt（c,d）
在不同放大倍率下的 SEM 图

图 3 - 2　C - VO$_x$ nanobelt 在不同放大倍率下的 TEM 图

然紧紧地附着在氧化钒纳米带的表面,如图 3-2 (b),(c)所示。图 3-2 (d)是图 3-2 (c)中固定选区的高倍 TEM 图,它可以显示出氧化钒纳米带模糊的晶格条纹以及它和炭黑相接处的边界区域。在水热反应中,加入的炭黑有利于氧化钒前驱体朝一定的方向定向生长,从而造成了纳米带状结构的产生。此外,水热处理时,也许会使得氧化钒纳米带和炭黑小颗粒表面分别带上相反电荷的官能基团,在静电力的作用下,炭黑将很好地附着在纳米带的表面。

为了进一步研究 C-VO$_x$ nanobelt,我们对它做空气气氛下 500℃的烧结处理。图 3-3 给出了 C-VO$_x$ nanobelt 的后烧结产物在不同放大倍数下的 SEM 图,它表明烧结形成的产物很好地保持了 C-VO$_x$ nanobelt 先前的纳米带状形貌,但是之前附着在表面的炭黑由于高温下的氧化分解消失了。

**图 3-3 C-VO$_x$ nanobelt 后烧结产物在
不同放大倍数下的 SEM 图**

3.3.2 炭黑复合氧化钒纳米带及其后烧结产物的 XRD 分析

XRD 测试用来研究 C-VO$_x$ nanobelt 和 VO$_x$ sheet 的晶态结构。它们的 XRD 图谱初看起来很相像,如图 3-4 所示。对于 C-VO$_x$ nanobelt,

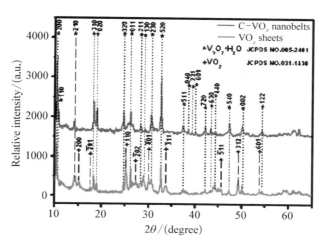

图 3 - 4　C - VO$_x$ nanobelt 和 VO$_x$ sheet 的 XRD 图谱

虽然在它的 XRD 图谱中存在一些杂质峰,但其主要的衍射峰能够很好地归为正交晶系的 V$_3$O$_7$ · H$_2$O 相(图中用 * 号标记,晶格常数 $a=16.920$ Å, $b=9.358$ Å, $c=3.644$ Å, JCPSD：NO. 084 - 2401)。对于 VO$_x$ sheet,除了 V$_3$O$_7$ · H$_2$O 相以外,其他一些衍射峰出现了,它们可归为单斜晶系的 VO$_2$ 相(图中用 + 标记,晶格常数 $a=12.920$ Å, $b=3.693$ Å, $c=6.42$ Å, JCPSD：NO. 031 - 1438)。所以,这表明 VO$_x$ sheet 在以 V$_3$O$_7$ · H$_2$O 相为主要成分时还包含有一定量的 VO$_2$ 相。此外,无论对于 C - VO$_x$ nanobelt 还是 VO$_x$ sheet,VO$_x$ 中的 x 值将分布在 2～2.5 的范围,即 VO$_x$ ($2<x<2.5$)。然而,由于 C - VO$_x$ nanobelt 具有更多的 V$_3$O$_7$ · H$_2$O 组分,它比起 VO$_x$ sheet 来说,将具有更高的钒价态。根据一些相关报道[24,25],氧化钒中含有一定量的结合水可以扩大它的层间距并提高它的容量。五氧化二钒溶胶(V$_2$O$_5$ · nH$_2$O)在水热条件下转变成 VO$_x$ ($2<x<2.5$)的反应,可由下面的化学方程式表示:

$$(5-2x)\,CH_3CH_2OH + V_2O_5 \rightarrow 2VO_x + (5-2x)\,CH_3CHO +$$
$$(5-2x)H_2O\,(2<x<2.5)$$

在这个还原反应中,酒精作为一种较温和的还原剂,将五氧化二钒溶胶还原成含低价态钒的 $VO_x(2<x<2.5)$。此外,水热条件本身也有利于高价态过渡金属氧化物的还原。

对 C - VO_x nanobelt 进行空气中 500℃烧结处理,所得产物的 XRD 图谱如图 3 - 5 所示,它的衍射峰能很好地归为正交晶系五氧化二钒相(V_2O_5, JCPDS 41 - 1426),并且没有其他的杂质峰能被探测到。所以说,C - VO_x nanobelt 在烧结后完全转变成了正交晶系的五氧化二钒纳米带(V_2O_5 nanobelt),但原先附着在其表面的炭黑小颗粒消失了(图 3 - 3)。

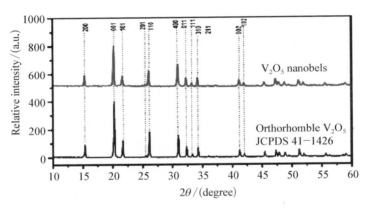

图 3 - 5　C - VO_x nanobelt 后烧结产物(V_2O_5 nanobelt)的 XRD 图谱

3.3.3　炭黑复合氧化钒纳米带及其后烧结产物的红外分析

C - VO_x nanobelt 和 V_2O_5 nanobelt 的红外光谱(FTIR)如图 3 - 6 所示,主要用来检测烧结前后样品组分的改变。在 1 629 cm^{-1} 和 3 417 cm^{-1} 处的吸收峰可分别归因于样品中结合水分子的 H—O 伸缩振动模式和 H—O—H 弯曲振动模式[26]。这两个峰在烧结后明显减弱,表明 V_2O_5 nanobelt 中的结合水显著减少。此外,由于烧结过程中 C - VO_x nanobelt 里的 V^{4+} 完全转化为了 V^{5+},所以在 C - VO_x nanobelt 中表示 V^{4+} 端基氧

键 V^{4+}═O 的特征峰（978 cm^{-1}）在 V_2O_5 nanobelt 中消失不见了，而表示 V^{5+} 端基氧键 V^{5+}═O 的特征峰（1 014 cm^{-1}）烧结后得到明显加强[27,28]。值得注意的是，出现在 700 cm^{-1} 以下（对于 C - VO_x nanobelt 是 673 cm^{-1} 和 569 cm^{-1}；对于 V_2O_5 nanobelt 是 617 cm^{-1} 和 495 cm^{-1}）和 700～900 cm^{-1} 范围内（对于 C - VO_x nanobelt 是 735 cm^{-1}；对于 V_2O_5 nanobelt 是 833 cm^{-1}），可分别归为氧化钒中链氧和桥氧振动的特征吸收峰在烧结前后发生了一些偏移，这类一定波数范围内的偏移与烧结前后配位几何上的微观应力改变有关[29,30]。

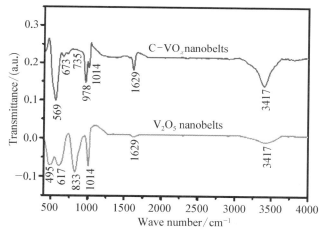

图 3 - 6　C - VO_x nanobelt 和后烧结产物 V_2O_5 nanobelt 的红外光谱

3.4　样品阴极材料的电化学性能

通过组装纽扣电池对样品材料作为阴极时的电化学性能进行测试，其中，型号为 Celgard 2500 的多孔膜作为电池隔膜，锂片作为对极（阳极）及参比电极,电解液为 1 mol/L 的 $LiPF_6$ 溶解在体积比为 1/1 的碳酸乙烯酯/碳酸二甲酯有机混合溶剂中。纽扣电池在充满氩气的手套箱中进行组装,手套箱中的水分量和氧气含量均低于 1 ppm。

在蓝电电池测试系统上进行不同电流密度下的恒流充放电测试,选取的电压范围是 1.5～4 V 或 1.8～3.8 V。电化学交流阻抗谱(EIS)测试在 3 V 的充电态(SOC)下进行,交流信号幅度为 5 mV,频率范围为 100 kHz～0.01 Hz(在 EIS 测试前,所有的纽扣电池均在相应的电压范围内进行 3 次循环充放电测试),Nyquist 图通过 Zview 软件进行分析和拟合。所有的电化学测试均在室温(～25℃)条件下进行。

3.4.1 电池阴极材料的制备

把活性物质(C-VO_x nanobelt、VO_x sheet 或 V_2O_5 nanobelt),导电炭黑(对于 C-VO_x nanobelt 来说,包括之前添加的量)和聚偏氟乙烯粘结剂(PVDF)按 7∶2∶1 的质量比混合后分散在 N 甲基吡咯烷酮有机溶剂中,形成浆料状的黏性物质,经过 3 小时充分搅拌后,均匀地涂抹在铝箔上。涂覆后的极片在真空条件下 120℃ 干燥 8 小时,然后裁成直径 12 mm 的圆形阴极极片。

3.4.2 恒流充放电测试

在 1.5～4 V 电压范围内以 100 mA/g 的电流密度对 C-VO_x nanobelt 和 VO_x sheet 作为阴极材料时的性能进行测试。图 3-7 (a)和图 3-7 (b)分别给出了它们前四次的充放电曲线(所有新组装的纽扣电池相对锂片来说都有 2.7 V 以上的开路电压,开始的时候,先把电池充到 4 V,然后再开始首次放电,所以不完整的首次充电曲线在图中被省略掉了)。我们可以看到,它们显示出了类似的曲线形状,但同 VO_x sheet 相比,C-VO_x nanobelt 的充放电曲线在循环过程中更加稳定。

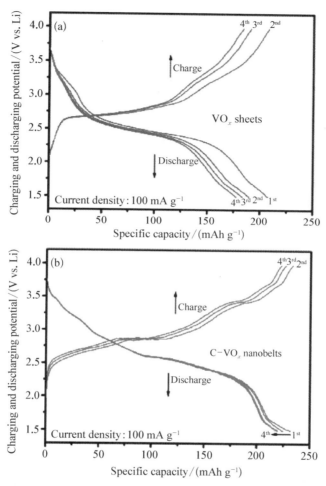

图 3 - 7　VO$_x$ sheet 和 C - VO$_x$ nanobelt 在
1.5～4 V 间的前 4 次充放电曲线

图 3 - 8 给出了 C - VO$_x$ nanobelt 和 VO$_x$ sheet 在 1.5～4 V 电压区间以 100 mA/g 的电流密度进行恒流充放电时的循环性能。可以观察到，VO$_x$ sheet 的首次放电比容量为 208 mAh/g，循环 50 次后的比容量为 126 mAh/g。对于 C - VO$_x$ nanobelt 来说，其首次放电比容量为 232 mAh/g，50 次循环后的容量为 195 mAh/g。经计算可知，C - VO$_x$ nanobelt 经 50

次循环后的容量保持率为 84%,而 VO_x sheet 的保持率仅仅为 60.6%。这
说明 C - VO_x nanobelt 比起 VO_x sheet 具有更高的比容量和更好的循环稳
定性,这是由于它独特的纳米带状形貌以及紧紧附在其表面的炭黑颗粒。
此外,C - VO_x nanobelt 阴极材料中更高的钒价态也对它的较高容量做出
贡献。虽然我们在阴极极片的制作过程中都要添加炭黑,但这些后加入的
炭黑不能很均匀地分散在活性物质当中,也不能紧密地贴附在其表面。我
们相信,均匀分散并紧密地附在 VO_x nanobelt 表面的炭黑,不仅可以加强
材料的导电性,也能够防止活性物质的快速团聚并缓解循环过程中产生的
结构应力,从而产生优越的电化学性能[31,32]。

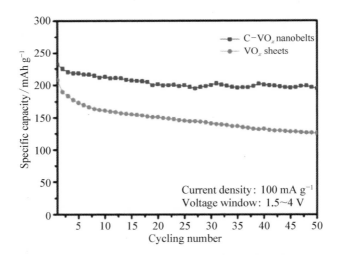

图 3 - 8　VO_x sheet 和 C - VO_x nanobelt 的循环充放电性能

图 3 - 9 展现了后烧结产物 V_2O_5 nanobelt 在 1.5~4 V 的电压范围内
以 50 mA/g 电流密度进行充放电时的前四次充放电曲线。它首次的比容
量高达 412 mAh/g,对应着每分子 V_2O_5 注入大约 2.8 个锂离子,但在接下
来的过程中,它的容量有一个急速的衰减,第二次的放电容量便降到了
325 mAh/g,这是由于深度放电情况下不可逆锂离子的嵌入造成(即一部
分锂离子将永久性地嵌入到 V_2O_5 基体中并不再脱出)[33,34]。在 V_2O_5

nanobelt 首次放电过程中,出现了四个电压平台,它们位于 3.3 V,3.1 V,2.2 V 和 2 V 处,分别对应着 Li^+ 注入过程中 α 相 $Li_xV_2O_5$($x<0.01$)到 ε 相 $Li_xV_2O_5$($0.35<x<0.7$),ε 相 $Li_xV_2O_5$ 到 δ 相 $Li_xV_2O_5$($x<1$),δ 相 $Li_xV_2O_5$ 到 γ 相 $Li_xV_2O_5$($x>1$)以及 γ 相 $Li_xV_2O_5$ 到 ω 相 $Li_xV_2O_5$($x>2$)的转变[35,36]。我们发现,要利用 V_2O_5 的高理论容量,必须采用一个较宽的电压工作窗口。首次放电后,这些平台消失了,接下来的放电容量也变得稳定。

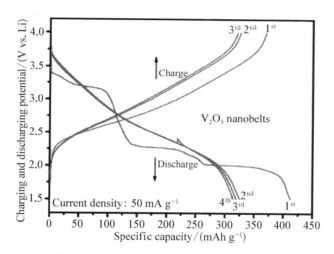

图 3-9　后烧结产物 V_2O_5 nanobelt 在 1.5～4 V 区间的充放电曲线

如图 3-10 所示,当 V_2O_5 nanobelt 在 1.5～4 V 间以 100 mA/g 的电流密度进行循环充放电测试时,它的首次容量为 406 mAh/g,50 次循环后有 220 mAh/g。

为了研究 V_2O_5 nanobelt 阴极材料在较窄电压范围内的电化学性能,我们在 1.8～3.8 V 的电压窗口内对其进行恒流充放电测试。图 3-11 所示是它在 50 mA/g 电流密度下的前 4 次充放电曲线。首次放电比容量为 387 mAh/g,第二次为 294 mAh/g,第一次放电后,它也表现出相对稳定的容量。但与 1.5～4 V 电压区间的情况相比,它的容量在一定程度上有所降低。

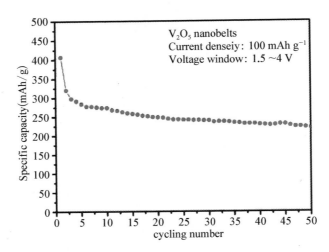

图 3‐10 后烧结产物 V₂O₅ nanobelt 在 1.5～4 V
区间的循环充放电性能

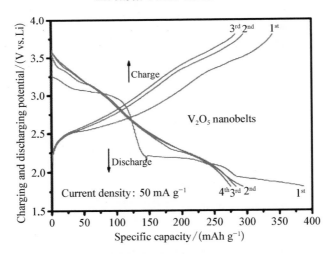

图 3‐11 后烧结产物 V₂O₅ nanobelt 在 1.8～3.8 V
电压区间的充放电曲线

当 V₂O₅ nanobelt 在 1.8～3.8 V 电压区间以 100 mA/g 的电流密度进行循环充放电测试时，它表现出首次 372 mAh/g 的比容量，50 次循环后，其比容量保持在 196 mAh/g，如图 3‐12 所示。除第一次到第二次的放电容量衰减严重外，之后的循环过程中放电容量比较稳定。

以上的恒流充放电测试表明,这种 V_2O_5 nanobelt 阴极材料具有优越的电化学性能,尤其是宽电压窗口下的高比容量,这与它独特的纳米带状结构及高的钒价态有关。因为纳米带状形貌能增加锂离子在阴极材料表面的活性注入位,而高的钒价态能在还原过程中容纳更多锂离子的嵌入,从而大大提高 V_2O_5 nanobelt 的比容量。

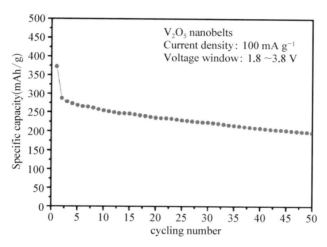

图 3 - 12　后烧结产物 V_2O_5 nanobelt 在 1.8~3.8 V 电压区间的循环充放电性能

3.4.3　电化学交流阻抗谱测试

电化学交流阻抗谱(EIS)在 50 次循环(工作电流密度为 100 mA/g,电压范围为 1.5~4 V)前后的 3 V 充电态(SOC)下进行测试,目的是为了研究各电极材料界面的电荷转移电阻及锂离子在材料中的扩散情况(为了所需要的激活过程,在 EIS 测试前的纽扣电池都经历了三次充放电循环)。图 3 - 13 给出了 C - VO_x nanobelt 和 VO_x sheet 阴极材料的 Nyquist 图,图中的曲线都包括高频区一个凸起的半圆和低频区的一条斜线,分别与电极界面的电荷转移和锂离子在阴极材料中的扩散有关。图 3 - 13 的插图中给出了简化的等效电路,用来拟合实验数据。在等效电路图中,R_{ct}表示电荷转移电阻,是我们研究的重点,R_e,CPE 和 W_o 分别表示电解液阻抗,恒相位角元件和 Warburg阻抗。一般来说,半圆直径越大,意味着电荷转移电阻越大[37]。拟合结果列于表 3-1 中,它表明 C-VO$_x$ nanobelt 在 50 次循环前后都具有更小的电荷转移电阻,且在循环过程中的电阻增加量比起 VO$_x$ sheet 也更小。

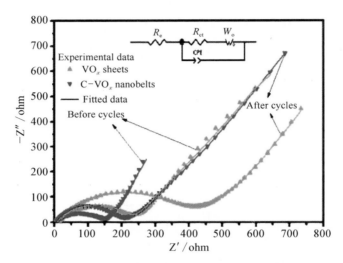

图 3-13   C-VO$_x$ nanobelt 和 VO$_x$ sheet 阴极材料在
50 次循环前后 3 V 充电态下的 Nyquist 图

表 3-1   VO$_x$-sheets 和 C-VO$_x$ nanobelts 在 50 次循环前后 3 V 充电态下,根据
等效电路拟合所得到的电荷转移电阻(R_{ct})和 Warburg 阻抗系数(A_w)

Samples	R_{ct} (ohm)	$A_w(\Omega \cdot cm^2 \cdot s^{-1/2})$	R_{ct} (ohm)	$A_w(\Omega \cdot cm^2 \cdot s^{-1/2})$
	Before cycles		After cycles	
VO$_x$-sheets	228.5	52	345.5	87.4
C-VO$_x$ nanobelts	133.1	25.7	201.1	69.9

实际上,这里的 R_{ct} 值还包括了锂片上的阻抗贡献,但主要的阻抗贡献还是归于阴极材料本身。所以,这里的 R_{ct} 估算值是较为合理的。图 3-14

给了出 C - VO$_x$ nanobelt 和 VO$_x$ sheet 阴极材料的波特图,用来作为一种定性的方法估计锂离子在电极材料中的扩散。根据一些相关的报道[38,39],锂离子的扩散与低频区(通常低于 1 Hz)的相位角有关,相位角越小,锂离子扩散地越快。图 3 - 14 显示,50 次循环前后,C - VO$_x$ nanobelt 在低频区的相位角比起 VO$_x$ sheet 更小,表明了它更好的锂离子扩散性质。

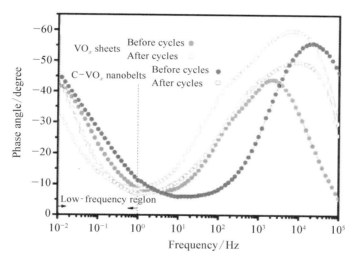

图 3 - 14　C - VO$_x$ nanobelt 和 VO$_x$ sheet 阴极材料在 50 次循环前后 3 V 充电态下的波特图(Bode plots)

正如前面所提到,低频区的 Nyquist 图显示出一条斜线,反映了锂离子在电极材料中的扩散。如果我们在低频区使用阻抗模($|Z|$)作为根号下角频率倒数($\omega^{-1/2}$)的函数,将能够获得它们二者的一个很好的线性关系图($|Z| - \omega^{-1/2}$),如图 3 - 15 所示。图中斜线段的斜率代表了 Warburg 阻抗系数(A_w)。正如我们知道的,A_w 平方值的倒数正比于锂离子扩散系数($D_{Li} \propto 1/A_w^2$)[40,41]。所以,A_w 的值能够用来间接估计锂离子的扩散情况。如表 3 - 1 所列,C - VO$_x$ nanobelt 阴极材料在循环前后比起 VO$_x$ sheet 显现出了更低的 Warburg 阻抗系数(A_w),表明工作过程中,Li$^+$ 扩散地更快。以上的 EIS 测试说明,C - VO$_x$ nanobelt 具有更小的电荷转移阻抗和更高

的锂离子扩散率,这也解释了它更好的电化学性能。根据一些报道[42-45],纳米结构氧化钒的电化学性能,特别是循环性能,能够通过与导电聚合物(如聚吡咯、聚苯胺)或碳质材料的包覆及复合得到有效的改善。在我们的情况中,紧紧附在氧化钒纳米带表面的炭黑不仅作为一种导电复合剂(加强了体系的导电性,有利于电荷的快速传输),也作为一种缓冲剂(缓解了 Li^+ 注入退出过程中产生的应力,防止了纳米带结构的降级)。

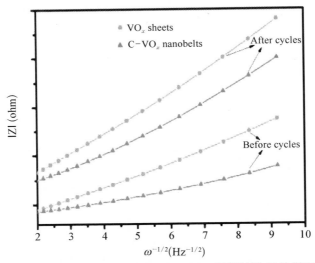

图 3 - 15　C - VO_x nanobelt 和 VO_x sheet 阴极材料 50 次循环前后在低频区的$|Z|-\omega^{-1/2}$近线性关系图

我们也对后烧结产物 V_2O_5 nanobelt 作为阴极材料时,在 50 次电化学循环(工作电流密度为 100 mA/g,电压范围为 1.5～4 V 或 1.8～3.8 V)前后 3 V 充电态下的交流阻抗特性进行了测试。图 3 - 16 给出了 V_2O_5 nanobelt 在 1.5～4 V 电压范围内循环前后的 Nyquist 图,基于图中的等效电路拟合后,所得到的电荷转移电阻(R_{ct})值从循环前的 193.6 Ω 增加到 50 次循环后的 460.9 Ω。当 V_2O_5 nanobelt 在 1.8～3.8 V 电压范围内循环时,拟合后的 R_{ct} 值从循环前的 172.9 Ω 降到循环后的 302.7 Ω,如图3 - 17 所示。对 V_2O_5

nanobelt 在不同工作电压范围内循环前后的 EIS 测试表明,相对窄的工作电压范围有利于 V_2O_5 nanobelt 在充放电过程中保持其结构稳定。但比起 C–VO_x nanobelt 的情况来说,V_2O_5 nanobelt 循环前后的电荷转移电阻值要偏大,这也说明了附着在纳米带表面的炭黑能提高其导电性和循环稳定性。

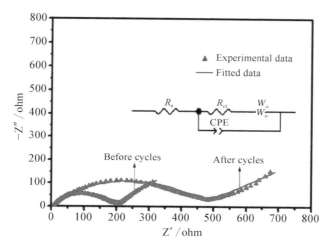

图 3 - 16　V_2O_5 nanobelt 阴极材料在 1.5~4 V 电压范围内
50 次循环前后在 3 V 充电态下的 Nyquist 图

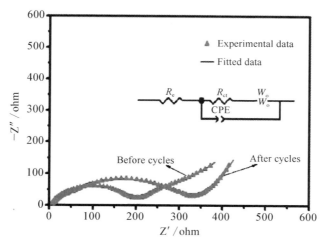

图 3 - 17　V_2O_5 nanobelt 阴极材料在 1.8~3.8 V 电压范围内
50 次循环前后在 3 V 充电态下的 Nyquist 图

3.4.4 后烧结产物在不同放电倍率下的性能测试

我们进一步研究了后烧结产物 V_2O_5 nanobelt 阴极材料在不同充放电倍率下的电化学性能,充放电电压区间为 1.5～4 V。如图 3 - 18 所示,V_2O_5 nanobelt 在 200,400,600,800 和 1 000 mA/g 的电流密度下,分别在第二次放电过程中表现出 301,245,209,178 和 146 mAh/g 的比容量。

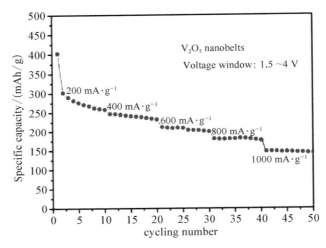

图 3 - 18 后烧结产物 V_2O_5 nanobelt 阴极材料在 1.5～4 V 电压区间不同电流密度下的倍率性能

3.4.5 锂离子扩散系数的计算

当评价锂离子在阴极材料中的传输及扩散情况时,一般用锂离子扩散系数(D_{Li^+})表示。电极材料快速传输及脱嵌锂的性能与其循环稳定性和高倍率特性密切相关。恒流间歇滴定测试(GITT)技术是一种有效测定锂离子扩散系数的方法。图 3 - 19 给出了在 1.8～3.5 V 电压范围内,作为时间函数的 V_2O_5 nanobelt 的首次放电及充电的 GITT 曲线,充放电电流为 0.09 mA,滴定时间为 10 分钟,间歇时间为 60 分钟。图 3 - 20 给出了

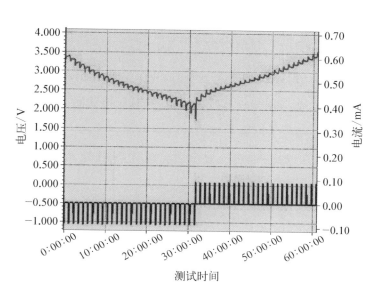

图 3 - 19　V_2O_5 nanobelt 阴极材料在 1.8～3.5 V 间的
首次放电及充电的 GITT 曲线

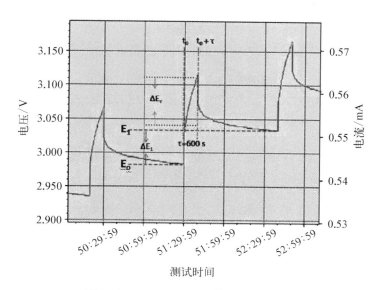

图 3 - 20　V_2O_5 nanobelt 的 GITT 曲线在
3 V 左右处的一个单步放大图

GITT 测试在间歇充电过程中 3 V 左右处的一个单步放大过程,从 E_0 到 E_1 的过程中,电压变化 dE 为 0.049 V,单个活性物质分子脱出的 Li$^+$ 数 dx 为 0.085。在 3 V 附近 τ(10 分钟)时间的充电过程中,绘制成的 E vs. $\tau^{1/2}$ 关系图大致呈线性,如图 3-21 所示,图中线段的斜率 dE/d$\tau^{1/2}$(大约为 0.003 77)是估算锂离子扩散系数(D_{Li^+})的重要参数之一。假定锂离子在电极材料中的输运遵从菲克第二定律,那么 Li$^+$ 的化学扩散系数可通过如下方程计算获得[46-48]:

$$D_{Li} = \frac{4}{\pi} \left(I_o \frac{V_m}{SFz_i} \right)^2 \left(\frac{dE/dx}{dE/dt^{1/2}} \right)^2$$

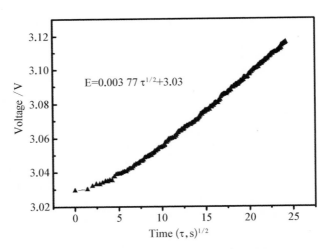

图 3-21　在 3 V 附近单个充电滴定所绘制成的
E vs. $\tau^{1/2}$ 线性关系图

其中,V_M 为 V$_2$O$_5$ 的摩尔体积(取 54.33 cm^3/mol),F 为法拉第常数(964 85.34 C/mol),I_o(A)为所施加的电流大小,S 为阴极极片与电解液接触的几何有效面积(1.13 cm^2),Z_i 为电荷转移数目,dE/dx 和 dE/d$t^{1/2}$ 为 GITT 曲线中获取的参数值。计算结果显示,V$_2$O$_5$ nanobelt 阴极材料在 3 V 左右的充电态时,其锂离子扩散系数 D_{Li^+} = 2.7×10^{-11} cm^2/s,这个数

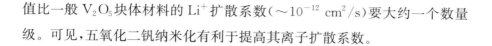

值比一般 V_2O_5 块体材料的 Li^+ 扩散系数（$\sim 10^{-12}\ cm^2/s$）要大约一个数量级。可见，五氧化二钒纳米化有利于提高其离子扩散系数。

3.5　本　章　小　结

在本章中，我们基于简单的水热法合成了炭黑复合的氧化钒纳米带（C - VO_x nanobelt）。与同样反应条件下，但在氧化钒溶胶中没有加入炭黑的情况相比，实验说明了水热条件下炭黑的存在有利于氧化钒溶胶的定向生长。当作为锂离子电池阴极材料时，炭黑复合的氧化钒纳米带（C - VO_x nanobelt）比起没有炭黑时形成的氧化钒片层（VO_x sheet）来说，具有更大的比容量及更好的循环性能。这要归因于 C - VO_x nanobelt 的独特纳米带状形貌和紧紧附着于其表面的炭黑小颗粒：纳米带状形貌可提供大的活性表面积，增加锂的嵌入位，同时缩短 Li^+ 的扩散距离；炭黑既充当导电剂，又充当结构缓冲剂。通过空气中 500℃ 烧结后，C - VO_x nanobelt 将完全转化为具有更高钒价态的五氧化二钒纳米带（V_2O_5 nanobelt），并保持其纳米带状结构不受损坏。这种 V_2O_5 nanobelt 表现出优越的电化学性能，尤其是更高的比容量（在 1.5~4 V 间，电流密度为 100 mA/g 时，首次 406 mAh/g，50 次循环后为 220 mAh/g）。可知，C - VO_x nanobelt 和 V_2O_5 nanobelt 都可作为有潜在应用前景的高性能锂离子电池阴极材料。另外，本章中所涉及的制备方法能够简便且高产率地合成样品。

第4章

导电聚合物复合的氧化钒纳米管

4.1 引　　言

　　准一维纳米材料一直是材料纳米化研究的热点,如纳米线、纳米纤维、纳米棒、纳米带等[1-5]。当这些纳米化的材料用于锂离子电池电极材料时,将能够提供高的活性比表面积,有利于电解液的浸润和锂离子的快速穿透,从而有效地加强锂离子在电极材料中传输时的动力学性质。准一维的纳米管材料相比其他一维纳米材料来说,具有它独特的优势,因为它除了外表面的活性面积以外,还能提供管内表面的活性面积,从而大大加强了材料整体的活性比表面积[6-11]。在这一章节里,我们采用有机模版,在水热条件下通过卷曲机理,合成了具有一维纳米多壁管状结构的氧化钒纳米管(VO$_x$NTs),并测试了其基本的电化学性能。但 VO$_x$NTs 的电化学性能很不理想,随着循环次数的增加,其容量衰减非常严重,产生此现象的原因主要是有机模版的大量存在及其在电化学过程中的分解。国内外一些报道中提及了采用导电聚合物复合的方法对电池阴极材料进行性能修饰,这些导电聚合物包括聚吡咯、聚苯胺、聚噻吩等,它们本身就能够作为电池阴极材料来使用,并能体现出质量轻、安全性高等特点[12-15]。对于导电性较差的阴极材料,可以使之与导电聚合物复合,从而提高其电导率,改善其循环寿命和高倍率性能,也可以在结构不稳定,易在电解液中部分溶解的阴极材料表面包覆上一定厚度的导电聚合物,达到防止活性物质溶解同时提高其导电性的目的。本章节中,我们在合成 VO_xNTs 的基础上,采用导电聚合物(聚吡咯、聚苯胺)复合的方法对氧化钒纳米管进一步修饰,以期提高其导电性并防止有机模版的分解及对电解液的毒化,从而改善其电化学性能。

4.2　氧化钒纳米管的制备、表征及电化学性能

4.2.1　前驱体的制备

首先,我们配备出氧化钒溶胶,过程如下:把 1.02 g 商业用的晶态 V_2O_5 粉末缓慢分散到 80 mL 浓度为 30% 的过氧化氢(H_2O_2)溶液里,然后进行持续的磁力搅拌,在此过程中,V_2O_5 粉末逐渐溶解,并伴随着发热和气泡的产生,在室温 25℃ 左右的情况下,经过大约半小时的反应,最后将产生一次剧烈的放热及放气,最后形成橙黄色的胶状液体即为氧化钒溶胶。反应结束后,让氧化钒溶胶继续冷却及老化一段时间。之后,在氧化钒溶胶中加入 1.04 g 有机十二胺($C_{12}H_{25}NH_2$)作为插层模版剂,并继续磁力搅拌 12 小时以上,最后,将形成淡黄色的悬浊液。该悬浊液即为成管反应所需的前驱体。

4.2.2　水热条件下的合成机制

将该氧化钒溶胶和有机十二胺形成的悬浊液移到含有聚四氟乙烯内胆,容量为 100 mL 的水热反应釜中,在 180℃ 的环境下水热反应 5 天。反应产物为黑色粉末状的沉淀物。通过用去离子水和酒精反复漂洗并过滤

后,得到我们最终所需要的氧化钒纳米管(VO_xNTs)样品。

在氧化钒溶胶中加入有机十二胺模版并老化的过程中,氧化钒溶胶将与有机模版发生插层反应,形成交替结构的氧化钒/有机模版层,如图 4-1 所示。

有机长链胺分子　　　氧化钒层

图 4-1　交替结构的氧化钒/有机模版层

该氧化钒/有机模版层在高温水热条件下,将产生卷曲[16-20]。此时的有机十二胺分子会发生质子化并带正电荷,而氧化钒层会显示弱的负电性,它们通过静电相互作用结合在了一起。在进一步的水热处理中,由于有机模版及水热反应所固有的还原性,将会使氧化钒层中一部分高价态的 V^{5+} 还原成较低价态的 V^{4+},这将会引起氧化钒层间结构应力发生变化,从而使得整个氧化钒/有机模版层发生定向的卷曲,最后形成含有有机模版的氧化钒多壁纳米管(VO_xNTs),卷曲的机理如图 4-2 所示。

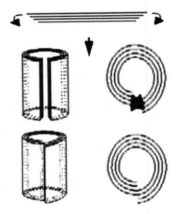

图 4-2　形成氧化钒纳米管的卷曲机理示意图

4.2.3　氧化钒纳米管的表征

场发射扫描电子显微镜(SEM,Philips-XL-30FEG)透投射电子显微镜用来观察 VO_xNTs 的形貌和结构,TEM 的粉末样品通过酒精溶液分散在铜网上。X 射线衍射图谱(XRD)由带 Cu Kα(λ=1.540 6 Å)辐射源的 RigataD/max-C X 射线衍射仪收集。傅立叶红外光谱(FTIR)在 400~4 000 波数范围内通过 Bruker-TENSOR27 红外光谱计获得,采用 KBr 压片作为样品载体。热失重（TG）和不同温度扫描热分析（DSC）选用 SDT Q600 仪器在空气气氛下进行测试，温度范围为室温至 800℃，升温速率为 10℃/min。

1. 样品的形貌及结构

图 4-3 给出了氧化钒纳米管在不同放大倍数下的 SEM 图，从图中可以看出，它的长度在几个微米，管径大约在 100～200 nm 之间。从一些纳米管的端口处能看出它是呈中空结构的。氧化钒纳米管之间有一定的交联和堆积现象。

氧化钒纳米管的 TEM 图（图 4-4）很好地说明了它呈一种中空的多壁管状结构，其中颜色较暗的格纹表示氧化钒层，颜色较淡的格纹表示有机

图 4-3　氧化钒纳米管在不同放大倍数下的 SEM 图

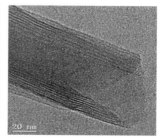

图 4-4　氧化钒纳米管在不同放大倍数下的 TEM 图

十二胺分子层。氧化钒层之间的间隔(约为 3 nm)大致等于有机十二胺分子链的理论长度,这很好地说明了有机胺分子的插层行为。

2. 样品的红外分析

图 4 - 5 给出了氧化钒纳米管在 $400\sim4\,000\ cm^{-1}$ 波数范围内的红外光谱图(FTIR),横坐标表示波数,从坐标表示投射光的相对强度。在 VO_x NTs 的红外光谱中,出现在 $1\,002\ cm^{-1}$,$785\ cm^{-1}$,$575\ cm^{-1}$ 和 $496\ cm^{-1}$ 处的吸收峰位属于氧化钒材料的特征峰,可分别归属为双键端基氧($V=\!O$)的伸缩振动,配位桥氧的振动和配位链氧的对称及非对称伸缩振动[21]。出现在 $721\ cm^{-1}$,$1\,465\ cm^{-1}$,$2\,850\ cm^{-1}$ 和 $2\,920\ cm^{-1}$ 处的峰位对应着有机十二胺分子中不同 C—H 键的伸缩和弯曲振动模式[22]。而在 $3\,425\ cm^{-1}$ 和 $1\,620\ cm^{-1}$ 处出现的宽化峰分别是由氧化钒管中结合水的 H—O 键伸缩振动和 H—O—H 键弯曲振动所引起的。

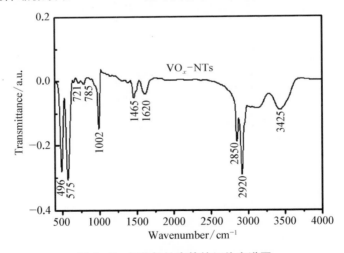

图 4 - 5　氧化钒纳米管的红外光谱图

3. 样品的 XRD 分析

为了进一步分析氧化钒纳米管的结构,我们对其进行了 XRD 测试。

测试结果如图 4-6 所示,VO$_x$NTs 的 XRD 图谱在小角区域显示出(00ℓ)系列峰,分别为(001),(002)和(003),这说明 VO$_x$NTs 在微观层面表现为层状结构,主要是由 VO$_x$NTs 的多壁形貌引起的。根据布拉格定律,我们可以利用(001)处的峰位值 3.17°计算出 VO$_x$NTs 层壁的间距[23],计算结果为 2.79 nm,这与 TEM 观察到的结果大致吻合。在广角区域,氧化钒纳米管的衍射强度很弱,这充分说明了 VO$_x$NTs 的无定形结构特征。对其广角衍射峰进行放大,如图 4-6 里的插图所示,我们可以观察到一系列的(hk0)峰,它们主要给出了无定形态氧化钒层的结构信息[24]。XRD 的测试结果一方面说明了有机胺分子的插层,另一方面说明了 VO$_x$NTs 的无定形特征。

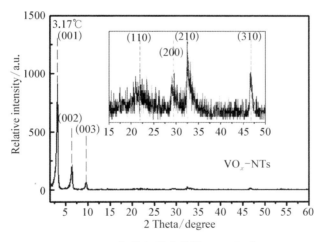

图 4-6　氧化钒纳米管的 XRD 图谱

4. 样品的 TG-DSC 分析

我们在空气气氛下以 10℃/min 的升温速率从室温一直到 800℃对 VO$_x$NTs 进行热失重测试(TG),并给出了它在不同温度下的扫描热分析曲线(DSC)。从图 4-7 所示的 TG-DSC 曲线可以看出,氧化钒纳米管在空气中从大约 400℃以后质量趋于稳定,失重达 39.2 wt%,这些损失的质量主要由两部分引起,一部分是 200℃以前结合水的丧失,约为 2.1 wt%;另一部分是有机模版剂的氧化分解。总的来说,质量的损失可主要归结为有机模版的热分解。可见,模版剂在氧化钒纳米管中占了很大的分量,当把 VO_xNTs 作为电池阴极材料使用时,其中无电化学活性的模版对电极的性能是没有贡献的。在 270℃处的放热峰是由有机十二胺的氧化分解引起的[25],396℃处的放热峰主要由氧化钒的再结晶引起,而 676℃处的吸热峰是氧化钒材料在高温下液化造成的[26]。

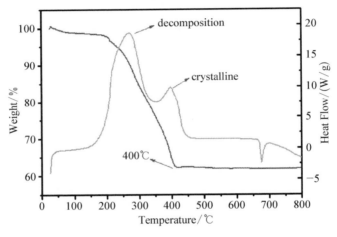

图 4 - 7　氧化钒纳米管 TG - DSC 图

4.2.4　氧化钒纳米管的电化学性能

为了评价氧化钒纳米管作为锂离子电池阴极材料时的电化学性能,我们对其进行了循环伏安、充放电及电化学交流阻抗测试。在测试中,均采用以锂片为阳极的纽扣电池;隔膜型号为 Celgard 2500;电解液为 1 mol/L 的 $LiPF_6$ 溶解在体积比为 1/1 的碳酸乙烯酯/碳酸二甲酯有机混合溶剂中;阴极极片的制作为:将 70 wt% 的 VO_xNTs,20 wt% 的导电炭黑,10 wt% 的聚偏氟乙烯(PVDF)分散在 N 甲基吡咯烷酮有机溶剂中,然后把形成的浆料均匀涂抹在铝箔上,经真空干燥去溶剂后,裁成圆形阴极片。循环伏安(CV)在 1.5～4 V 间测试,扫描电压速度为 2 mV/s,采用 CHI660C (Chenghua,Shanghai)电化学工作站;充放电采用恒流模式,在 LAND 电池测试系统上进行,电压范围 1.5～4 V;电化学交流阻抗谱(EIS)在 3 V 的充电态下测量,频率范围为 100 kHz～0.01 Hz,交流信号幅度为 5 mV。测试温度为室温环境,大约 25℃。

1. 循环伏安测试

图 4-8 所示为 $VO_x NTs$ 的多次循环伏安图,扫描速率为 2 mV/s。在第一个扫描循环中,$VO_x NTs$ 表现出较强的氧化还原峰,随着循环次数的增加,相应的峰强度在不断地减弱,且向上的氧化峰和向下的还原峰的峰位差不断拉大,即使经 5 个循环后,伏安曲线依然不稳定。这表明氧化钒纳米管作为阴极材料时,其锂离子注入特性随着循环次数的增加而不断减弱。此外,氧化峰与还原峰峰位差的不断增大,表明材料的极化现象明显[27]。循环伏安图上所显示的特性说明,当 $VO_x NTs$ 作为锂离子电池阴极材料时,其比容量将在反复循环充放电的过程中不可避免地衰减。

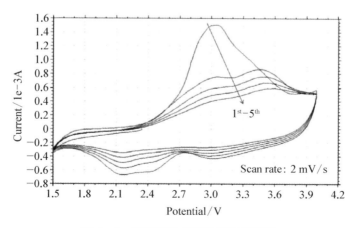

图 4-8 氧化钒纳米管的循环伏安图

2. 充放电测试

为了定量地评价 $VO_x NTs$ 在作为锂离子电池阴极时的性能,如比容量、循环寿命、倍率性能。我们在 1.5～4 V 的电压范围内分别采用 50 mA/g、80 mA/g 和 100 mA/g 的电流密度对其进行恒流充放电测试。如图 4-9 所示,$VO_x NTs$ 在依次增大的电流密度下分别表现出 253 mAh/g、242 mAh/g 和 225 mAh/g 的首次比容量,在随后的循环过程中,三者的容量均不断衰减,但工作电流密度小的电极材料容量衰减较慢。由于氧化钒纳米管中有机模版在充放电过程不断分解,并很有可能和电解液等发生毒化反应,最终,$VO_x NTs$ 作为阴极材料的比容量经 50 次充放电循环后降为大约 33 mAh/g。可见,用 $VO_x NTs$ 作为电池阴极材料,其电化学性能衰减严重,虽然开始几次比容量高,但循环多次后的容量还达不到传统阴极材料的容量。

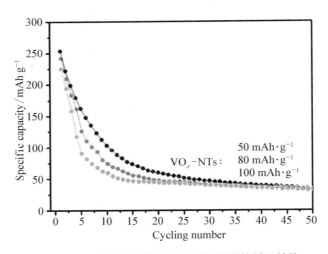

图 4-9　氧化钒纳米管作为阴极材料时的循环性能

3. 交流阻抗测试

交流阻抗谱研究的是电极材料在一定充电状态下,锂离子由电解液经 SEI 膜迁移至电极材料内部的动力学行为。图 4-10 给出了未经充放电循

环的 VO_xNTs 阴极材料在 3 V 充电态(SOC)时的 Nyquist 图。从定性的意义上讲,高中频区半圆的直径越大,则其电荷转移电阻越大,即锂离子经由电解液穿透 SEI 膜到达电极材料内部的阻力越大。为了定量地给出电荷转移电阻的大小,我们建立了如图 4-10 中插图所示的简单等效电路图:R_e 代表电解液电阻;R_{ct} 表示电荷转移电阻;W_o 为 Warburg 阻抗。其中,R_e 的值很小,一般为几欧姆,W_o 与锂离子在电极材料中的扩散有关,我们比较关心的是 R_{ct} 的值。根据等效电路图拟合的结果,VO_xNTs 作为电池阴极材料时的电荷转移电阻是 368.2 Ω,这个数值比起别的电极材料来说要大,且在充放电循环后,此数值将会进一步增大。

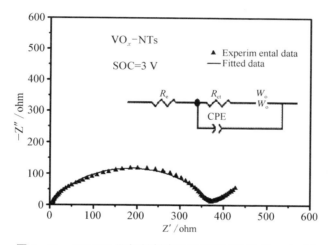

图 4-10　VO_xNTs 阴极材料在 3 V 充电态下的 Nyquist 图

4.3　聚吡咯复合氧化钒纳米管的制备、表征及电化学性能

由于氧化钒纳米管(VO_xNTs)作为阴极材料时的电化学性能很不理

想,我们采用了聚吡咯复合的方法对其进行电化学性能的改善,以期提高其导电性,并在VO$_x$NTs的表面形成包覆层,降低有机模版的分解和对电解液的毒化,从而提高其循环性能。这部分,我们介绍聚吡咯复合氧化钒纳米管的制备、表征及其电化学性能。

4.3.1 聚吡咯复合氧化钒纳米管的制备

首先,把0.5 g合成好的VO$_x$NTs分散在90 mL去离子水和酒精的混合液中(去离子水/酒精=1/8,体积比),室温下超声振荡1小时;将1 g FeCl$_3$·6H$_2$O充分溶解在10 ml去离子水当中。然后,把0.1 mL液态吡咯单体注入到含有VO$_x$NTs的去离子水/酒精混合液中,随后,将含FeCl$_3$·6H$_2$O的去离子水也倒入上述混合液。最后,将含有三种物质的混合体系在磁力搅拌的情况下反应12小时。生成的产物为黑色沉淀,可经洗涤、过滤、干燥,得到黑色粉末物,即为聚吡咯复合的氧化钒纳米管(Polypyrrole/VO$_x$NTs)。

4.3.2 聚吡咯复合氧化钒纳米管的表征

扫描电镜(SEM)用来表征Polypyrrole/VO$_x$NTs的形貌;傅立叶红外光谱(FTIR)用来收集样品在400～4 000波数的红外吸收特征,样品载体为KBr压片;热失重(TG)-不同温度扫描热量分析(DSC)在室温至800℃的范围内以10℃/min的升温速率对样品进行了测试。

1. 样品的表面形貌

图4-11给出了聚吡咯复合的氧化钒纳米管的SEM图,可以看出,氧化钒纳米管还是保持了其管状形貌,但管的形状看起来有所弯曲和松散,表面应该包覆了一层导电性较高的物质,因此,它在扫描电镜的观察下才会有如此高的亮度。SEM的观察表明,导电聚合物复合的过程,并没有对氧化钒纳米管的形貌造成根本上破坏,并且在管的表面形成了一层导电性

较好的包覆层。在聚合反应的过程中,当单体吡咯碰到溶液中游离的具有强氧化性的三价铁离子(Fe^{3+})时,将氧化聚合成聚吡咯大分子,聚合反应一般发生在溶液中的大颗粒粒子表面,所以会产生包覆复合的过程,最后生成聚吡咯复合的氧化钒纳米管。

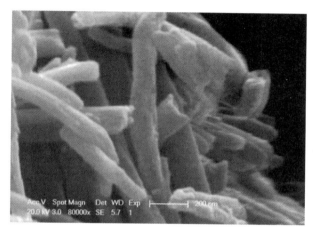

图 4‑11　Polypyrrole/ VO_x NTs 的 SEM 图

2. 样品的红外分析

经聚吡咯复合后的氧化钒纳米管的红外光谱特征峰有所改变,如图 4‑12 所示,由于有机物的红外特征峰非常明显,所以氧化钒物质以前分布在大约 600～1 100 波数间的特征峰几乎都被聚吡咯有机分子中的特征振动峰所掩盖。图 4‑12 中,在 600～1 600 波数间的吸收峰大多数为聚吡咯有机分子所引起[28-30],这也说明了导电聚吡咯有效地与氧化钒纳米管进行了复合。另外,在 2 800～3 000 波数间,属于有机十二胺的特征吸收峰大大减弱了,这一方面是因为聚吡咯包覆在纳米管的表面,对有机十二胺的红外吸收信号有所掩盖,另一方面是由于在前期三价铁离子的影响下,纳米管中的一部分有机十二胺会被替换掉(特别是表面),从而减弱了它的信号。波数在 3 420 左右的峰位是由结合水的 H—O 伸缩振动引起。

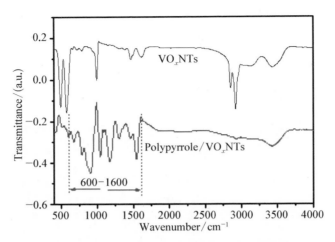

图 4‑12 **Polypyrrole/ VO$_x$NTs 的红外光谱图**

3. 样品的 TG‑DSC 分析

Polypyrrole/ VO$_x$NTs 从室温至 800℃的热失重(TG)及不同扫描热分析(DSC)曲线如图 4‑13 所示。样品从室温至 200℃的升温过程中,主要是结合水的蒸发,重量损失为 5.15 wt%;在 200℃～400℃过程中的重量损

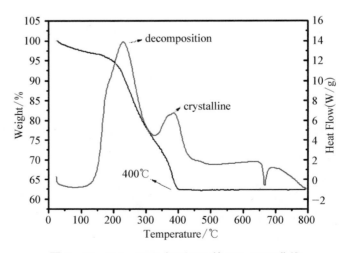

图 4‑13 **Polypyrrole/ VO$_x$NTs 的 TG‑DSC 曲线**

失为 57.13 wt%,主要是由于有机十二胺模版和聚吡咯的氧化分解造成,在此过程中,对应产生了一个强烈的放热峰(大约 231℃处);出现在大约 388℃处的放热峰很可能是由于残留有机物的进一步氧化分解和氧化钒的结晶作用共同促成的[31,32];出现在 667℃处的吸热峰是由氧化钒的液化引起的。整个过程中的热失重为约为 37.72 wt%,这一数值与纯 VO_xNTs 的情况相接近,因为部分有机模版被 Fe^{3+} 替换掉,而部分聚吡咯又包覆在了 VO_xNTs 的表面。

4.3.3　聚吡咯复合氧化钒纳米管的电化学性能

这一部分,我们采用了循环伏安和恒流充放电对 Polypyrrole/VO_xNTs 作为锂离子电池阴极的性能进行了测试。测试采用纽扣电池;隔膜型号为 Celgard 2500;电解液为 1 mol/L 的 $LiPF_6$ 溶解在体积比为 1/1 的碳酸乙烯酯/碳酸二甲酯有机混合溶剂中;阴极极片的制作为:将 70 wt% 的 Polypyrrole/VO_xNTs,20 wt% 的导电炭黑,10 wt% 的聚偏氟乙烯(PVDF)分散在 N 甲基吡咯烷酮有机溶剂中,然后把形成的浆料均匀涂抹在铝箔上,经真空干燥去溶剂后,裁成圆形阴极片。循环伏安(CV)在 1.5~4 V 间测试,扫描速度为 2 mV/s,采用 CHI660C(Chenghua,Shanghai)电化学工作站;充放电在 LAND 电池测试系统上采用恒流模式进行,电压范围 1.5~4 V,电流密度 50 mA/g。测试在室温环境下进行,大约 25℃。

1. 循环伏安测试

图 4-14 给出了 Polypyrrole/VO_xNTs 在 2 mV/s 扫描速度下前 5 次的循环伏安曲线,从图中可以看出,Polypyrrole/VO_xNTs 作为电极材料时成无定形特征,这和它本身的无定形结构有关[33,34]。从第 1 次到第 5 次的扫描过程中,它的氧化还原峰强度逐渐减弱,氧化峰和还原峰之间的峰位差也在增大,这说明该材料作为阴极时的循环稳定性不是很理想,性能降

级还是很明显的,锂离子在材料中的动力学性质也在不断地减弱,但它相对于 $VO_x NTs$ 的情况要好一些,稳定性有所加强。

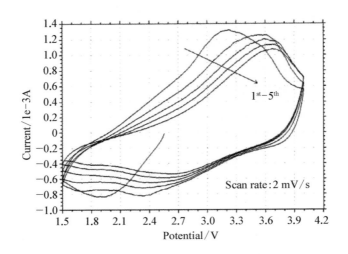

图 4 - 14　Polypyrrole/ $VO_x NTs$ 的循环伏安曲线

2. 充放电测试

图 4 - 15 所示为 Polypyrrole/ $VO_x NTs$ 的循环寿命测试,采用 50 mA/g 的电流密度对其进行 41 次充放电测试。它的比容量由首次的 263 mAh/g 降到 41 次循环后的约 80 mAh/g,可见其容量的衰减还是很显著的。造成容量衰减最重要的原因还是有机模版剂的大量存在,正如热失重所表明的情况。这些无电化学活性的有机分子不仅减少了 Polypyrrole/ $VO_x NTs$ 阴极材料的有效质量,而且还会在电化学反应过程中分解,引起电极的副反应,进一步造成性能的降级。但比起纯的 $VO_x NTs$(首次 253 mAh/g,41 次后 38.6 mAh/g),聚吡咯复合的 $VO_x NTs$ 在比容量和循环性能方面还是有所提高的。这主要是由于聚吡咯的表面包覆不仅提高了 $VO_x NTs$ 的导电性,还在一定程度上防止了管壁内有机模版的分解和对电解液的毒化,从而部分地改善了 $VO_x NTs$ 的电化学性能。

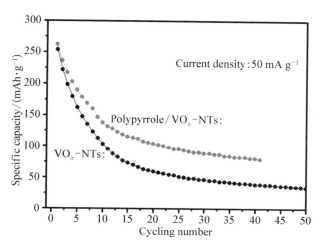

图 4-15　**Polypyrrole/ VO$_x$ NTs 的比容量和循环性能**

4.4　聚苯胺复合氧化钒纳米管的制备、表征及电化学性能

　　聚苯胺是一种常用的导电聚合物,也可以单独作为电池阴极材料来使用,并得到了较广泛地研究。它一般通过苯胺单体的氧化聚合反应合成,苯胺单体比起吡咯单体来说价格更便宜。在这一部分中,我们利用较廉价的苯胺单体使之在含有氧化性金属离子和 VO$_x$ NTs 的溶液中,通过氧化聚合反应生成聚吡咯复合的氧化钒纳米管(Polyaniline/ VO$_x$ NTs)。随后,我们对 Polyaniline/ VO$_x$ NTs 的形貌和成分进行了表征,采用循环伏安法和恒流充放电测试对其电化学性能进行评估。

4.4.1　聚苯胺复合氧化钒纳米管的制备

　　将 1 g FeCl$_3$ · 6H$_2$O 充分溶解在 10 mL 去离子水当中,把 0.5 g 合成

好的 VO_x NTs 投入到在 90 mL 去离子水和酒精的混合液中（去离子水/酒精＝1/8，体积比），室温下超声振荡 1 小时进行分散，然后将 0.1 mL 液态苯胺单体注入到含有 VO_x NTs 的去离子水/酒精混合液中，再将含 $FeCl_3$·$6H_2O$ 的去离子水倒入上述混合液。最后，将含有三种物质的混合液在磁力搅拌的情况下反应 18 小时。在这一反应过程中，苯胺单体在氧化性的三价铁离子存在下，将发生氧化聚合反应，形成聚苯胺，且有趋向性地附着在氧化钒纳米管的表面，达到氧化聚合并复合的目的。最后生成的产物为黑色沉淀，经洗涤、过滤、干燥，得到黑色粉末物，即为聚苯胺复合的氧化钒纳米管（Polyaniline/ VO_x NTs）。

4.4.2 聚苯胺复合氧化钒纳米管的表征

通过扫描电镜（SEM，Philips － XL － 30FEG）和透射电镜（TEM，JEOL－1230）观察了 Polyaniline/ VO_x NTs 的形貌及结构；采用傅立叶红外光谱（FTIR，Bruker－TENSOR27）在 400～4 000 波数范围内收集了样品的红外吸收特征峰，样品载体为 KBr 压片；使用热失重（TG）-不同温度扫描热量分析（DSC）仪（型号：SDT Q600）以 10℃/min 的升温速率从室温至 700℃ 的范围内对样品进行了测试。

1. 样品的表面形貌

图 4－16 展示了聚苯胺复合氧化钒纳米管的 SEM 图，从图中可看出，氧化钒纳米管在复合后还是保持了其特有的中空管状形貌，图中一根纳米管的末端呈开口状。仔细观察可发现，Polyaniline/ VO_x NTs 的表面比起 VO_x NTs 出现了许多凸起的小颗粒状物质，这些粗糙的小颗粒物质均匀地分散在 VO_x NTs 表面，形成一层包覆物，这些包覆物的基本组分应该就是有机导电聚吡咯。

图 4‑16 Polyaniline/VO$_x$NTs 的 SEM 图

图 4‑17 给出了 Polyaniline/VO$_x$NTs 在不同放大倍数下的 TEM 图，从图中可看出，Polyaniline/VO$_x$NTs 依然保持了直径在 100～200 nm 范围内的中空多壁管状结构。比起 VO$_x$NTs，Polyaniline/VO$_x$NTs 的管壁显得有些不规整，这是受到铁离子对有机模版的部分替换和氧化聚合反应影响的结果。另外，Polyaniline/VO$_x$NTs 的表面存在很多均匀分布的小颗粒，这一现象和 SEM 观察的结果相一致，说明了聚苯胺在 VO$_x$NTs 表面形成。

图 4‑17 Polyaniline/VO$_x$NTs 在不同放大倍率下的 TEM 图

2. 样品的红外分析

聚苯胺复合后的氧化钒纳米管的红外光谱如图 4 - 18 所示,图中也给出了VO$_x$NTs的红外光谱进行简单对比。有机物在红外光谱中的吸收峰相对于无机物来说要显著得多,在大约 1 000～1 800 波数间出现的吸收峰可归因为聚苯胺有机分子的特征振动模式[35-37],由于聚苯胺存在于VO$_x$NTs的表面,它们几乎掩盖了这一波数范围内别的物质所引起的红外特征振动。在 2 800～3 000 波数间,属于有机十二胺的特征吸收峰大大减弱了,这一方面是因为聚苯胺包覆在纳米管的表面,对有机十二胺的红外吸收信号有所掩盖,另一方面是由于合成过程中三价铁离子的影响,使纳米管中的一部分有机十二胺被替换掉(特别是表面),从而减弱了它的信号。波数在 3 430 左右的峰位是由结合水的 H—O 伸缩振动引起。507 cm^{-1} 和 584 cm^{-1} 处的峰位分别是由氧化钒中链氧的对称和非对称伸缩振动引起。

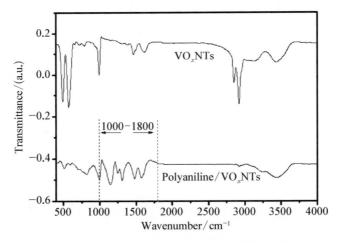

图 4 - 18   Polyaniline/ VO$_x$NTs的红外光谱图

3. 样品的 TG - DSC 分析

图 4 - 19 给出了 Polyaniline/VO$_x$NTs以 10℃/min 的升温速率从室温至 700℃的热失重(TG)-不同扫描热分析(DSC)曲线。样品从室温至

400℃的升温过程中,总的重量损失约为 24.5 wt%;在室温至 200℃的过程中,重量损失约为 6.9 wt%,这部分损失比起VO_xNTs(2.1 wt%)要多,主要由纳米管内结合水及管表面不稳定态聚苯胺的蒸发引起。在 200℃～400℃的范围内,产生了两个明显的放热峰,其中,280.5℃处的峰主要对应着聚苯胺和有机十二胺的氧化分解放热;369℃处的放热峰主要由氧化钒的结晶放热引起,也有可能与残留有机物的进一步氧化分解有关。出现在669℃处的吸热峰是由氧化钒的液化引起。Polyaniline/VO_xNTs在整个热处理过程中的失重量比起纯VO_xNTs(39.2 wt%)要明显低一些,可能是因为苯胺氧化聚合反应的过程有所延长,致使 Fe^{3+} 对有机模版的替换加强,从而去除了一部分有机十二胺。

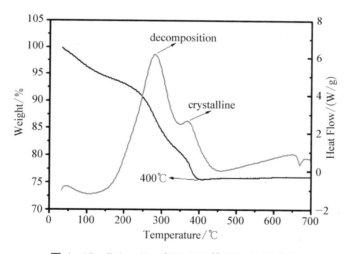

图 4-19　Polyaniline/VO_xNTs的 TG-DSC 曲线

4.4.3　聚苯胺复合氧化钒纳米管的电化学性能

聚苯胺复合氧化钒纳米管(Polyaniline/VO_xNTs)电化学性能采用循环伏安法和恒流充放电测试进行了评估。阴极极片的制作为:将 70 wt%的 Polyaniline/VO_xNTs、20 wt%的导电炭黑、10 wt%的聚偏氟乙烯

(PVDF)分散在 N 甲基吡咯烷酮有机溶剂中,然后把形成的浆料均匀涂抹在铝箔上,经真空干燥去溶剂后,裁成圆形阴极片。电解液为 1 mol/L 的 $LiPF_6$ 溶解在体积比为 1/1 的碳酸乙烯酯/碳酸二甲酯有机混合溶剂中;隔膜型号为 Celgard 2500;最后组装成纽扣电池进行测试。循环伏安(CV)在 1.5~4 V 间测试,扫描速度为 2 mV/s,采用 CHI660C(Chenghua,Shanghai)电化学工作站;恒流充放电在 LAND 电池测试系统上进行,电压范围为 1.5~4 V,电流密度为 50 mA/g。测试在大约 25℃ 的室温环境下进行。

1. 循环伏安测试

图 4-20 给出了 Polyaniline/VO_xNTs 前三次的循环伏安曲线,当它作为电池阴极材料时,依然显现出无定形特性,没有尖锐的氧化钒还原峰。比起 VO_xNTs 或 Polypyrrole/VO_xNTs ,Polyaniline/VO_xNTs 的循环伏安曲线要稳定得多。经 3 次循环后,它的氧化还原峰位和峰强变化不大,说明了在一定程度上其电化学性能的稳定性,这很可能与 Polyaniline/VO_xNTs 中有机模版剂的含量稍低有关。

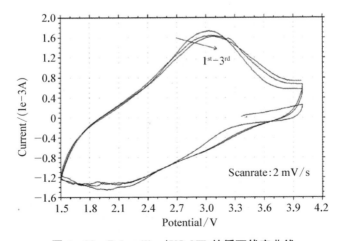

图 4-20 Polyaniline/VO_xNTs 的循环伏安曲线

2.充放电测试

我们在 1.5～4 V 的工作电压范围内,采用 50 mA/g 的电流密度对 Polyaniline/VO$_x$NTs 阴极材料进行充放电测试,以评价其比容量和循环性能。如图 4-21 所示,Polyaniline/VO$_x$NTs 表现出 262.8 mAh/g 的首次比容量,经 50 次循环充放电后,它的比容量降到了 38.4 mAh/g。比起同样测试条件下的 VO$_x$NTs,Polyaniline/VO$_x$NTs 在前期循环过程中还是体现出了较高的比容量和良好的循环性能(10 次循环后,Polyaniline/VO$_x$NTs 的比容量为 181 mAh/g,而 VO$_x$NTs 为 103 mAh/g),但多次循环后,其容量衰减依然很严重。造成容量衰减最重要的原因仍然是有机模版剂的大量存在,这些无活性的有机分子不仅减少了 Polyaniline/VO$_x$NTs 阴极材料的有效活性质量,而且还会在电化学反应过程中分解,造成电极材料性能的降级。比起 VO$_x$NTs,聚苯胺复合的 VO$_x$NTs 在前期比容量方面还是有很大提高的,这是因为聚苯胺的包覆不仅提高了 VO$_x$NTs 的导电性,还在一定程度上防止了管壁内有机模版的快速分解。此外,在聚合反应中,有机模版的部分去除也对 Polyaniline/VO$_x$NTs 前期比容量的提高产生了影响。

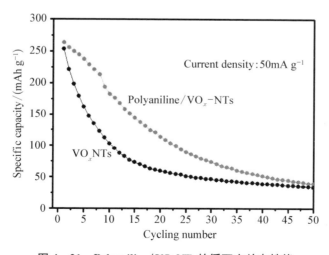

图 4-21　**Polyaniline/VO$_x$NTs 的循环充放电性能**

4.5　本　章　小　结

在本章中,我们采用晶态 V_2O_5 粉末和双氧水合成了氧化钒溶胶。在水热条件下,以氧化钒溶胶为前驱体、有机十二胺为模版制备出了氧化钒纳米管(VO_xNTs)。该 VO_xNTs 为多壁的中空管状结构,有机十二胺分子以插层的形式存在于纳米管的层壁间。电化学测试表明,VO_xNTs 虽然在前几次充放电循环中具有较高的容量,但随着循环次数的增加,其比容量衰减非常严重,最后甚至远远低于传统阴极材料的性能。电化学性能降级的原因是氧化钒纳米管中的有机模版剂是无电化学活性的,且在充放电循环过程中会逐渐分解,然后与电极材料发生副反应并对电解液产生毒化作用。在随后的实验中,我们采用导电聚合物对 VO_xNTs 进行复合,制备出了聚吡咯复合的氧化钒纳米管(Polypyrrole/ VO_xNTs)和聚苯胺复合的氧化钒纳米管(Polyaniline/ VO_xNTs)。两种导电聚合物均在 VO_xNTs 表面形成了均匀的包覆层,并在一定程度上提高了原材料的导电性,同时也防止了有机模版的快速分解。Polypyrrole/ VO_xNTs 和 Polyaniline/ VO_xNTs 比起 VO_xNTs,在前期的循环充放电过程中,均表现出较高的比容量和良好的循环性能,但随着循环次数的增加,它们的比容量都不可避免地有所降低,不能够作为一种实用的阴极材料。原因是有机模版依然大量存在,随着反复充放电的进行会不断分解。可以看出,有效地除去氧化钒纳米管中的有机模版剂是提高其电化学性能的关键。

第5章

铁离子替换的氧化钒纳米管

5.1 引　　言

当前,越来越多的研究者关注一维过渡金属氧化物纳米结构的设计[1,2]。这是由于它们在量子局域效应、电化学应用及催化等方面具有重要的性质[3-5]。近些年来,对高容量及良好循环性能锂离子电池的需求不断增加,这激发着我们寻找更高性能的电极材料,尤其是阴极材料[6]。一维纳米结构氧化钒材料,如纳米纤维、纳米棒、纳米带和纳米管等,可以作为有潜在应用价值的锂离子电池阴极材料。因为它们具有比相应的传统阴极材料更高的比容量及更好的稳定性,所以一直被广泛地研究[7]。在这些纳米结构的氧化钒材料中,氧化钒纳米管能提供巨大的活性比表面积和很多供锂离子快速输运的通道,这是由于它具有末端开口且多壁的管状结构[8,9]。一般来说,氧化钒纳米管(VO_x- NTs)的合成在水热条件下进行,采用层结构的氧化钒作为前驱体,有机长链胺为结构导向模版剂[10,11]。例如,Nordlinder 等人、Li 等人及 Sun 等人所合成的氧化钒纳米管(VO_x- NTs)表现出首次将近 300 mAh/g 的放电比容量,但在随后的循环过程中,这些 VO_x- NTs 阴极材料的容量发生了严重的衰减[12-14]。一些研究者采用金属离子掺杂及热处理等方法[15,16]，以求对 VO_x - NTs 的电化学性能进行改善，但结果并不是很有效，长期循环中的稳定性尤其如此。这是由于改性后的钒管中钒价态较低[17]，且依然大量存在着对电化学性能无贡献的有机模版剂。为了提高 VO_x - NTs 阴极材料的电化学性能，同时又保持它的管状结构，一项新的阳离子交换技术被用来替换 VO_x - NTs 中的有机模版，常用的阳离子有 Na^+，Ca^{2+} 或 Co^{2+} 等[18,19]，但它们的修饰作用对电化学性能的影响不是很令人满意。

在本章中，我们通过溶胶凝胶法和水热法，以有机十二胺（$C_{12}H_{25}NH_2$）为模版，成功制备出了 VO_x - NTs。为了提高 VO_x - NTs 的电化学性能，在接下来的过程中，使用铁离子替换技术尽可能多地除去 VO_x - NTs 里的有机模版。这一新颖的铁离子替换反应能有效地除去 VO_x - NTs 中的有机模版，并且替换反应不会破坏 VO_x - NTs 的管形貌和多壁层结构。此外，强氧化性的铁离子能促使样品中钒元素价态的升高。我们对所制得的铁离子替换的氧化钒纳米管（Fe - VO_x - NTs）样品进行了一些必要的表征及电化学测试，也讨论了它作为电池阴极材料时使电化学性能提高的原因。

5.2　铁离子替换的氧化钒纳米管的制备

首先，氧化钒纳米管（VO_x - NTs）通过如下程序制得[20]：（1）1.02 g 晶态 V_2O_5 分散到 80 mL 浓度为 30% 的 H_2O_2 溶液中，并进行不断地磁力搅拌。在反应过程中，强烈的放热反应伴随着大量的气泡产生，形成了处于亚稳态的 V^{5+} 过氧化合物溶胶。经老化 1 天后，我们可得到橙黄色的氧化钒溶胶。（2）把 1.04 g 有机十二胺（$C_{12}H_{25}NH_2$）加入到氧化钒溶胶中，将形成的淡黄色悬浊液磁力搅拌 24 小时。（3）把最后的混合液移入含聚四氟乙烯内胆及不锈钢壳的水热釜中。将水热釜保持在 180℃ 的恒温箱中反应 5 天。最后，把生成的黑色沉淀物过滤并用酒精洗涤后放入 80℃ 的真空箱中干燥 8 小时。所获得的黑色粉末即为氧化钒纳米管（VO$_x$-NTs）。

为了获得铁离子替换的氧化钒纳米管（Fe-VO$_x$-NTs），我们采用了阳离子替换技术，过程如下：首先，将 5 g FeCl$_3$·6H$_2$O 慢慢溶解到 10 mL 去离子水中。把 0.5 g 制备好的 VO$_x$-NTs 分散到 90 mL 去离子水和酒精的混合溶液中（去离子水/酒精＝1/8，体积比），并在室温条件下超声振荡 1 小时。之后，将 FeCl$_3$·6H$_2$O 溶液缓慢注入到含 VO$_x$-NTs 的悬浊液中。最后，将整个混合液体系保持在 30℃ 并且不停地磁力搅拌。铁离子替换过程在持续磁力搅拌的情况下进行 24 小时。最终产生的沉淀物经过滤、洗涤及干燥后，即为铁离子替换的氧化钒纳米管（Fe-VO$_x$-NTs）。

5.3　铁离子替换的氧化钒纳米管的表征

场发射扫描电子显微镜（FESEM，Philips-XL-30FEG）和透射电子显微镜（TEM，JEOL-1230）用来观察样品的结构和形貌。TEM 测试中的样品粉末通过酒精溶液分散在铜网上。通过一个 200 kV JEOL-1230 设备加压进行 TEM 测试。X 射线衍射图谱（XRD）由带 Cu Kα（λ＝1.540 6 Å）辐射源的 RigataD/max-C X 射线衍射仪收集，扫描步长为 0.02°/秒。傅立叶红外光谱（FTIR）在 400～4 000 波数范围内通过 Bruker-TENSOR27 红外光谱计获得，采用 KBr 压片作为样品载体。热失重（TG）-不同温度扫描热分析（DSC）在型号为 SDT Q600 热分析器上进行，温度范围在 50℃～650℃，升温速率为 10℃/min，气氛为空气气氛。X 射线光电子能谱（XPS）测试在带有镁 Kα 辐射源（hν＝1 253.6 eV）的 RBD upgraded PHI-5000C ESCA（Perkin Elmer）系统上完成，通过碳元素（C$_{1s}$＝284.6 eV）进行结合能的校准，数据分析及拟合采用 XPS Peak4.1 软件进行。

5.3.1 样品的表面形貌和微观结构

TEM 和 SEM 用来表征合成样品的形貌和结构。图 5-1 和图 5-2 分

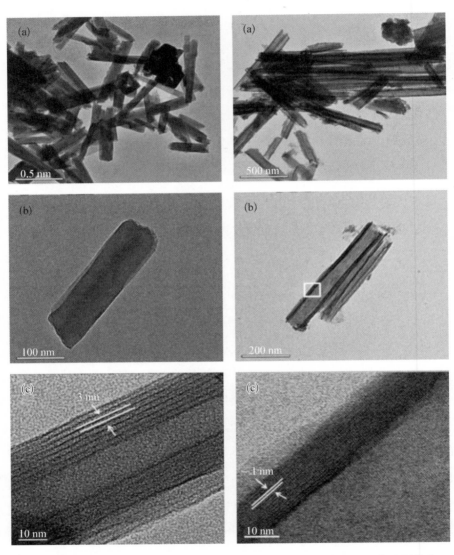

图 5-1　VO$_x$-NTs 在不同放大
倍率下的 TEM 图

图 5-2　Fe-VO$_x$-NTs 在不同放大
倍率下的 TEM 图

别给出了 VO_x - NTs 和 Fe - VO_x - NTs 在不同放大倍率下的 TEM 图,可以看出,两个样品都具有末端开口的多壁管状结构,直径大约为 100 nm。从图 5 - 1(c)所示的高倍放大 TEM 图可以看出,VO_x - NTs 由交替排列的 VO_x 层(图中的黑格纹)和十二胺模版(图中较宽的白条纹)组成。当它用作阴极材料时,为了获得更高的比容量,我们必须使 VO_x - NTs 中有机模版的含量尽可能少,并保持它的多壁管状结构。铁离子替换反应后,如图 5 - 2(c)所示,Fe - VO_x - NTs 内部 VO_x 层之间的距离从大约 3 nm 降为大约 1 nm,但它的多壁管状结构几乎没有受到替换反应的影响。此时,TEM 中的深色条纹表示 VO_x 层,浅色条纹代表残余的有机模版(这是为质子化的 $C_{12}H_{25}NH_3^+$)。应该注意的是,在 TEM 测试中强电子束的辐射下,残余的有机模版将发生一定程度的形变,所以一些格纹看起来变模糊了。我们可以看出,通过铁离子替换过程,对电化学性能无贡献且阻碍锂离子在 VO_x - NTs 中快速传输的有机十二胺模版被大量地去除了,而且此替换反应没有毁坏先前的多壁管状结构。此外,通过比较图 5 - 1(b)和图 5 - 2(b)可以发现,Fe - VO_x - NTs 的内径(60~90 nm)比起 VO_x - NT(20~50 nm)来说变大了。图 5 - 3 中的示意图更清楚地说明了这一变化过程。

当从层间去除长链有机模版时,VO_x 层内部的应力将驱使邻近的 VO_x 层由内向外彼此靠近,这会使得 Fe - VO_x - NTs 的内径比 VO_x - NTs 大。

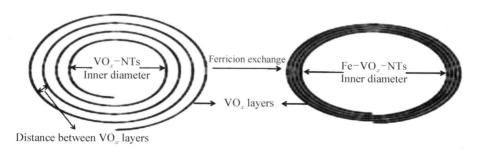

图 5 - 3　替换过程对多壁层结构的影响示意图

图 5-4 显示了替换前后两样品的 SEM 图。可以清晰看出，Fe-VO_x-NTs(图 5-4(b))表现出比 VO_x-NTs 更加中空的管结构(图 5-4(a))。

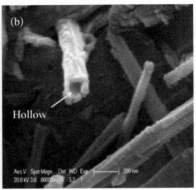

图 5-4　Fe-VO_x-NTs(b)和 VO_x-NTs(a)的 SEM 图

5.3.2　样品的 XRD 分析

通过 XRD 测试来检测两样品的结构。图 5-5 显示了两个系列的衍射峰：一个是在小角区(1.5°～15°)的(00ℓ)系列衍射峰(图 5-5(a))，它们对应着管状样品的有序层状结构[21]；另外一组是在广角区(15°～50°)的(hk0)系列衍射峰(图 5-5(b))，它们对应着氧化钒层的二维结构[9]。从图 5-5(a)可以看出，反映管内 VO_x 层间距的(001)峰在经铁离子替换后从 3.17°移动到 7.67°。根据布拉格定律，这表示钒管中 VO_x 层的间距从之前的 2.79 nm(这一数值与十二胺分子的理论长度基本一致，再次说明十二胺在 VO_x-NTs 管壁内的成功插层)减少到替换后的 1.15 nm，表明了十二胺有机模版的有效去除。对于两个样品来说，(hk0)系列衍射峰(图 5-5(b))几乎保持在相同的位置，说明替换过程没有对氧化钒管中 VO_x 层的二维结构产生太大影响[22]。

铁离子替换的简单示意图如图 5-6 所示。管壁(及 VO_x 层)是由两层

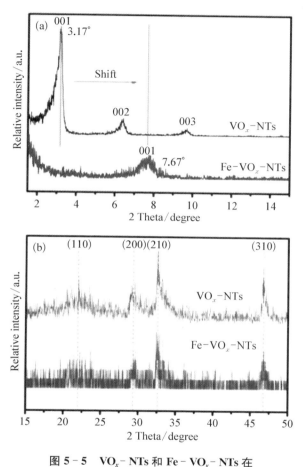

图 5 - 5 VO$_x$ - NTs 和 Fe - VO$_x$ - NTs 在
小角(a)及广角区(b)的 XRD 图

反向的 VO$_5$ 方形金字塔通过 VO$_4$ 四面体连接而成[23]。质子化的十二胺阳

离子(C$_{12}$H$_{25}$NH$_3^+$)通过静电力与 VO$_x$ 层束缚在一起[24],形成了交替插层

的结构,这是由于质子化的有机模版带正电,而 VO$_x$ 层带弱的负电性引

起的。

然而,这个束缚力并不是太强,所以,具有更小尺寸同样也带正电

荷的 Fe^{3+} 将更容易地嵌入到 VO$_x$ 层的层间,与此同时,为了保持整个

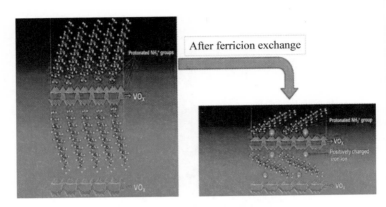

图 5‑6　铁离子替换过程的示意图

体系的电中性,带同样正电荷数的质子化有机模版将从它们先前的位置释放出来。此外,有一定结晶度的氧化钒层的内应力会促使这个交换过程的进行。经过铁离子替换反应,以前在氧化钒管层间起支撑作用的 $C_{12}H_{25}NH_3^+$ 基团将被同样带正电荷的 Fe^{3+} 大量替换,从而导致层壁空间的收缩。

5.3.3　样品的红外光谱分析

两样品的红外光谱如图 5‑7 所示。VO_x‑NTs 中氧化钒的特征吸收峰出现在 1 002 cm^{-1}, 785 cm^{-1}, 575 cm^{-1} 和 496 cm^{-1},分别对应着端基氧键(V═O)的伸缩振动,双配位桥氧键的振动,三配位链氧键的非对称和对称伸缩振动[25]。VO_x‑NTs 中出现在 721 cm^{-1}, 1 465 cm^{-1}, 2 850 cm^{-1} 和 2 920 cm^{-1} 处的吸收峰可归为有机十二胺模版中不同 C—H 键的弯曲及伸缩振动模式[26,27]。在两个样品中,出现在 3 425 cm^{-1} 和 1 620 cm^{-1} 处的宽峰分别由结合水中 H—O 键的伸缩和 H—O—H 键的弯曲振动引起[28]。通过铁离子替换反应,桥氧键的振动吸收峰从 785 cm^{-1} 移动到 711 cm^{-1},链氧键起初在 575 cm^{-1} 和 496 cm^{-1} 处引起的两个振动峰融合成 533 cm^{-1} 处的一个峰。这些变化与 VO_x 层内部的晶格扭曲及微观应力改变有关[29]。

特别要注意的是,在 Fe‐VO$_x$‐NTs 中,与有机模版有关的吸收峰的峰强极大地减弱(1 465 cm^{-1},2 850 cm^{-1} 和 2 920 cm^{-1})或消失了(721 cm^{-1}),这表明大部分有机模版被铁离子所替换。反应过程可用如下方程表示:

$$[mC_{12}H_{25}NH_3^+] - VO_x - NTs + nFeCl_3 \rightarrow [nFe^{3+} +$$

$$(m-3n)C_{12}H_{25}NH_3^+] - VO_x - NTs + 3n[C_{12}H_{25}NH_3^+ - Cl^-]$$

$C_{12}H_{25}NH_3^+$ 表示质子化的十二胺,它与弱负电性的 VO$_x$ 层通过静电束缚在一起。在体系保持电中性的情况下,一个三价铁离子将会替换出三个质子化的 $C_{12}H_{25}NH_3^+$ 基团。但是,这一替换反应并不是 100%,一部分有机模版仍然存在于钒管层间。

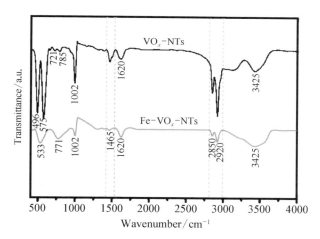

图 5‐7　**VO$_x$‐NTs 和 Fe‐VO$_x$‐NTs 的红外光谱图**

5.3.4　样品的 TG‐DSC 分析

热失重(TG)-不同扫描热分析(DSC)测试用来确定样品中残留有机模版的含量。如图 5‐8 所示,VO$_x$‐NTs 和 Fe‐VO$_x$‐NTs 中的有机模版分别在 411℃ 和 397℃ 时完成蒸发及氧化分解。在 200℃~450℃ 之间先后出现的两个放热峰分别对应着有机模版的热分解和氧化钒的晶化[30]。VO$_x$‐

NTs 表现出总的 39.2% 的热失重(图 5-8(a)),而 Fe-VO$_x$-NTs 只有 19.7% 的热失重(图 5-8(b)),失重量主要是由于有机模版的氧化分解造成,由此可见,铁离子替换能够去除大部分的有机分子。VO$_x$-NTs 和 Fe-VO$_x$-NTs 在 50℃~200℃ 之间的热失重过程是不同的:随着温度的增加,VO$_x$-NTs 的重量几乎保持不变,而 Fe-VO$_x$-NTs 表现出持续的重量损失和明显的吸热峰。这是因为铁离子替换后,残余模版和 VO$_x$ 层间的吸附力变弱了,有机胺模版变得比较容易热蒸发。

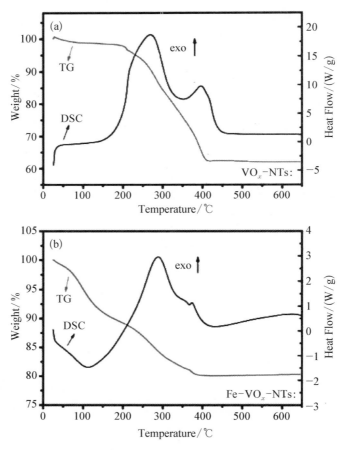

图 5-8　VO$_x$-NTs(a)和 Fe-VO$_x$-NTs(b)的 TG-DSC 曲线

5.3.5　样品的 XPS 分析

XPS 技术用来确定样品中的元素组分及分析钒元素的价态变化。VO_x-NTs 和 Fe-VO_x-NTs 的 XPS 全谱图分别如图 5-9(a) 和图 5-9(b) 所示。可以发现，Fe-VO_x-NTs 显示出较弱的 C_{1s} 峰和新出现的 Fe_{2p} 峰，说明样品中含较少的有机模版且存在铁离子。在图 5-9(a) 中，大约 400 eV 处较弱的 N_{1s} 峰起源于模版中的—C—NH_2 基团，但这个峰在图 5-9(b) 中消失了，这是由于模版分子在 Fe-VO_x-NTs 样品的表面含量非常低。如图 5-9(c)、(d) 所示，V_{2p} 区域包含 $V_{2p3/2}$ 和 $V_{2p1/2}$ 两个峰，样品 Fe-VO_x-NTs 的 $V_{2p3/2}$ 峰的中心结合能（517.1 eV）比 VO_x-NTs（516.6 eV）

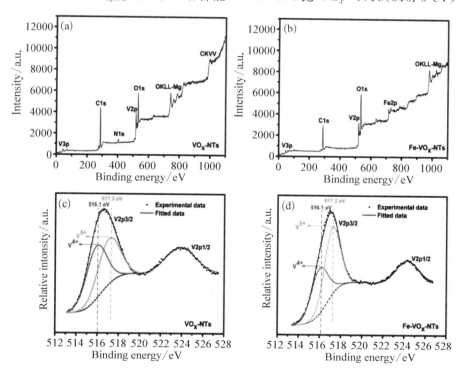

图 5-9　VO_x-NTs 的 XPS 全谱图(a) 和 V_{2p} 区段(c)；
Fe-VO_x-NTs 的 XPS 全谱图(b) 和 V_{2p} 区段(d)

要高,说明 Fe-VO_x-NTs 具有更高的钒价态。样品的 $V_{2p3/2}$ 峰可分成结合能为 517.3 eV 和 516.1 eV 的两个峰,它们分别由 V^{5+} 和 V^{4+} 引起[31]。为了确定 V^{5+}/V^{4+} 在样品中的比值,XPS Peak4.1 软件被用来拟合实验数据。对 VO_x-NTs 和 Fe-VO_x-NTs 的拟合结果分别在图 5-9(c)和图 5-9(d)中给出。通过基于峰面积比的计算,VO_x-NTs 中的 V^{5+}/V^{4+} 比值为 0.92,而 Fe-VO_x-NTs 中的 V^{5+}/V^{4+} 比值为 1.35。这表明铁离子的替换反应引起了钒元素价态的升高。在氧化钒材料作为阴极的电化学过程中,锂离子的注入伴随着钒价态的降低。这也就是说,更高的钒价态意味着具有更大的锂离子注入潜力。

为了澄清钒价态升高的原因,我们对 Fe-VO_x-NTs 样品表面的铁元素 Fe_{2p} 区段进行了分析,如图 5-10 所示。Fe-VO_x-NTs 中 $Fe_{2p3/2}$ 和 $Fe_{2p1/2}$ 的 XPS 峰分别位于 710.3 eV 和 724.0 eV。根据 Yamashita 等人和 Roosendaal 等人的研究[32,33],三价铁离子(Fe^{3+})和二价铁离子(Fe^{2+})的 $Fe_{2p3/2}$ 峰分别位于 711.0 eV 和 709.0 eV,它们的 $Fe_{2p1/2}$ 峰分别位于 724.6 eV 和 722.6 eV。通过对 $Fe_{2p3/2}$ 峰的简单拟合后很容易发现,

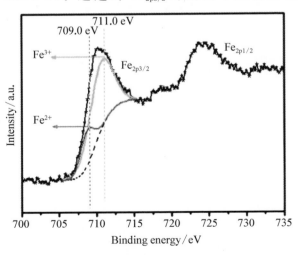

图 5-10　Fe-VO_x-NTs 样品中 Fe_{2p} 区段的 XPS 图谱

$Fe-VO_x-NTs$ 的表面既包括 Fe^{3+}，也含有 Fe^{2+}。这是因为一部分强氧化性的 Fe^{3+} 能把一些钒管中的 V^{4+} 氧化成 V^{5+}，从而导致 Fe^{2+} 的出现及钒价态的升高。

5.4　铁离子替换的氧化钒纳米管的电化学性能

工作极片（阴极）制备如下：把活性物质 VO_x-NTs 或 $Fe-VO_x-NTs$，导电炭黑和聚偏氟乙烯粘结剂（PVDF）按 $7:2:1$ 的质量比混合后分散在 N 甲基吡咯烷酮有机溶剂中，形成浆料状的黏性物质，经过 3 小时充分搅拌后，均匀地涂抹在铝箔上。涂覆后的极片在真空条件下 120℃ 干燥 8 小时，然后裁成直径 12 mm 的圆形阴极极片。

通过组装纽扣电池对样品材料作为阴极时的电化学性能进行测试，其中，以型号为 Celgard 2500 的多孔膜作为电池隔膜，锂片作为对极（阳极）及参比电极，电解液为 1 mol/L 的 $LiPF_6$ 溶解在体积比为 1/1 的碳酸乙烯酯/碳酸二甲酯有机混合溶剂中。纽扣电池在充满氩气的手套箱中进行组装，手套箱中的水分量和氧气含量均低于 1 ppm。

循环伏安（CV）测试采用 CHI660C（Chenghua，Shanghai）电化学工作站，扫描速率为 0.5 mV/s，扫描范围为 1.5～4 V；恒流充放电在不同电流密度下进行，采用 LAND 电池测试系统，工作电压范围为 1.5～4 V；所有的测试均在室温（大约 25℃）下进行。

5.4.1　恒流充放电测试

恒流充放电测试用来评估样品的电化学性能。VO_x-NTs 和 $Fe-VO_x-NTs$ 阴极材料在不同电流密度（50 mA/g，80 mA/g 和 100 mA/g）下的首次充放电曲线分别如图 5 - 11(a)和图 5 - 11(b)所示。两个样品都显示出光滑的充放电曲线,表明它们是一种无定形结构的阴极材料[34]。

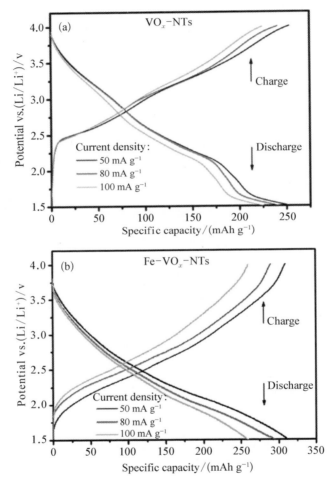

**图 5 - 11　VO$_x$ - NTs(a)和 Fe - VO$_x$ - NTs(b)在不同
电流密度下的首次充放电曲线**

它们之间的不同仅仅是 VO$_x$ - NTs 在大约 1.6 V 和 2.2 V 显示出了两个弱的放电平台。VO$_x$ - NTs 在 50 mA/g,80 mA/g 和 100 mA/g 的电流密度下,首次放电比容量分别为 253 mAh/g,242 mAh/g 和 225 mAh/g。

相比而言，Fe-VO$_x$-NTs 在相应的电流密度下具有更高的容量，其首次放电比容量分别为 311 mAh/g，294 mAh/g 和 259 mAh/g。图 5-12 给出了样品在不同电流密度下的循环性能。随着电流密度的增加，它们的比容量都在降低。经 50 次循环充放电后，VO$_x$-NTs 的比容量快速降到大约 33 mAh/g，对应的容量损失率超过了 85%。对于 Fe-VO$_x$-NTs，它在 50 mA/g，80 mA/g 和 100 mA/g 电流密度下经 50 次循环后的比容量分别缓慢地降到了 178 mAh/g，141 mAh/g 和 121 mAh/g，相应的容量损失率分别为 42.8%，52% 和 53.3%。

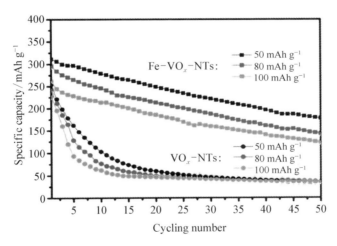

图 5-12　VO$_x$-NTs 和 Fe-VO$_x$-NTs 在不同电流密度下的循环充放电性能

5.4.2　循环伏安测试

图 5-13 给出了两样品在相同扫描速率下的首次循环伏安曲线。向下的峰（对于 VO$_x$-NTs 来说，位于 2.02 V 和 2.71 V，对于 Fe-VO$_x$-NTs 来说，位于 2 V，2.4 V 和 3.04 V）是还原峰，对应放电过程中锂离子的注入；向上的峰（对于 VO$_x$-NTs 来说，位于 3.48 V，对于 Fe-VO$_x$-NTs 来说，位于 3 V 和 3.28 V）是氧化峰，对应充电过程中锂离子的脱出。为了研

究这些无定形阴极材料在充放电过程中锂离子嵌入/脱出的特性,循环伏安测试中,我们使用了一个较高的扫描速率(0.5 mV/s)。同结晶度好的阴极材料相比,VO_x-NTs 在图 5-11(a)中所显现出的两个弱放电平台几乎可以忽略,所以没有相应的还原峰出现在循环伏安曲线中,在快速扫描的情况下,更是如此。所以,很难把循环伏安曲线中的氧化还原峰与不明显的电压平台相匹配。正如从曲线中所观察到的,Fe-VO_x-NTs 比起 VO_x-NTs 表现出更显著的氧化还原峰且峰面积更大,Fe-VO_x-NTs 中氧化还原峰的电压位置也更加靠近。这些结果表明:比起 VO_x-NTs,Fe-VO_x-NTs 在锂离子的注入/脱出过程中具有更快的动力学特性和更高的容量[35,36]。可以说,通过铁离子替换,Fe-VO_x-NTs 的电化学性能有了很大提高,这要归结于有机模版的有效去除及钒价态的升高。

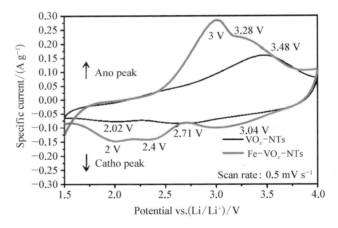

图 5-13 VO_x-NTs 和 Fe-VO_x-NTs 在 0.5 mV/s
扫描速率下的首次循环伏安曲线

5.5   本 章 小 结

在本章中,混合价态的氧化钒纳米管(VO_x-NTs)在水热条件下以有机十二胺($C_{12}H_{25}NH_2$)为模版被成功制备出,这些有机分子以插层的形式存在于 VO_x-NTs 的多壁层间。我们采用新颖的铁离子替换技术来去除 VO_x-NTs 层间对电化学性能无贡献的有机模版分子,获得电化学性能明显改善了的铁离子替换的氧化钒纳米管(Fe-VO_x-NTs)。TEM 观察、XRD 研究和 FTIR 分析揭示出:VO_x-NTs 层间大部分的有机胺模版通过铁离子替换过程被大量地去除,同时,VO_x-NTs 的管形貌和多壁结构没有遭受替换反应的破坏。此外,XPS 测试结果表明,铁离子替换过程还伴随着 VO_x-NTs 中钒价态的升高,这将有利于 Fe-VO_x-NTs 电化学容量的进一步提高。最后合成的 Fe-VO_x-NTs 作为锂离子电池阴极材料时,比起同类修饰材料,表现出优越的比容量和良好的循环性能。当它在 1.5～4 V 的电压范围内以 50 mA/g 的电流密度进行充放电测试时,首次放电容量为 311 mAh/g,50 次循环后,为 178 mAh/g。提高的电化学性能可归于有机模版的大量去除,但却未损坏氧化钒纳米管的管状形貌和多壁结构。此外,铁离子的替换也导致 Fe-VO_x-NTs 中五价钒元素含量的增高,这有利于其电化学容量的提高。经改性后的 Fe-VO_x-NTs 可作为一种新的锂离子电池阴极材料。

第6章
分级结构的五氧化二钒纳米穗

6.1 引　　言

　　锂离子电池是便携式电子器件及电动汽车等优先选择的能源储存设备,因为它具有能量密度高、循环寿命长、对环境污染小等特点[1,2]。在锂离子电池中,阳极材料(多半是碳质材料)的比容量明显比阴极材料高,而锂离子电池的能量密度主要取决于比容量较低的电极,所以电池中的阴极材料对它的电化学性能有着极大的影响[3]。目前应用在锂离子电池中的传统阴极材料一般具有 $140\sim170$ mAh/g 的比容量,例如 $LiCoO_2$ 和 $LiFePO_4$ 等。随着对高性能锂离子电池需求的不断增加,特别是在高能量密度和高倍率方面的应用更是迫切,人们急需一种比传统阴极材料比容量更高的可替代性材料。五氧化二钒(V_2O_5)具有许多独特的优点,例如价格便宜、毒性低及容量高等(由于它特别的层状结构,当 3 个 Li^+ 注入到一分子 V_2O_5 中,它的比容量可高达约 440 mAh/g)。近年来,V_2O_5 被广泛研究且被认为是一种很有潜力的高性能锂离子电池阴极材料[4-6]。但是,块体 V_2O_5 阴极材料的电化学性能受到以下几方面的限制:本身较低的锂离子扩散系数(10^{-12} cm²/s 左右),差的电子电导率($10^{-3}\sim$

10^{-2} S/cm)及锂离子注入/退出过程中的结构不稳定性[7-9]。这些缺点导致了它的理论容量难以充分发挥,循环过程中,性能衰减严重及倍率性能低。很多研究表明,把电极活性材料纳米化能在一定程度上很好地解决上述问题。因为纳米尺度的电极材料能提供更多的表面活性注入位供 Li^+ 嵌入,同时也缩短了 Li^+ 在材料中的扩散距离,此外,纳米结构能很好地缓解 Li^+ 嵌入/脱出过程中产生的机械应力,从而保持电化学过程中电极材料结构的稳定性[10,11]。为了提高氧化钒阴极材料的电化学性能,国内外研究的热点越来越专注于氧化钒材料的纳米化。许多研究组采用不同的制备方法,如溶胶凝胶、水热处理、反胶束技术、电沉积及电喷束等[10-16],合成了各种各样的纳米结构氧化钒阴极材料(如氧化钒纳米管、纳米线、纳米带、纳米纤维、纳米花和纳米棒等)。在所提出的实现氧化钒纳米化的方法中,很多涉及苛刻的条件(如高温、真空、超临界流体等)、烦琐的程序和精密复杂的设备[13-15]。因此,一种简便有效的合成方法对纳米氧化钒阴极材料在实际中的大规模应用是很重要的。

在本章中,首先,我们采用有机十二胺($C_{12}H_{25}NH_2$)为模版,通过溶胶凝胶过程和水热法合成了氧化钒纳米管(VO_x - NTs)[16]。然后,我们采用了一种简便有效的控温后烧结处理,将氧化钒纳米管(VO_x - NTs)转变成一种具有分级结构的五氧化二钒纳米穗(V_2O_5 - NS)。最后形成的 V_2O_5 - NS 由相互衔接的纳米小晶粒组成,看起来像稻穗。当 V_2O_5 - NS 用作锂离子电池阴极材料时,它表现出极高的首次放电比容量(427 mAh/g,接近 V_2O_5 的理论比容量)和良好的循环性能(50 次充放电后的比容量为 219 mAh/g)。此外,当工作电流增加的时候,它的电化学性能依然保持良好,这说明 V_2O_5 - NS 也具有良好的倍率性能。

6.2　五氧化二钒纳米穗的制备

首先,将 1.02 g 晶态 V_2O_5 分散到 80 mL 浓度为 30% 的 H_2O_2 溶液中,并进行不断地磁力搅拌。在反应过程中,强烈的放热反应伴随着大量的气泡产生,形成了处于亚稳态的 V^{5+} 过氧化合物溶胶[17]。经老化一段时间后,我们可得到橙黄色的氧化钒溶胶。把 1.04 g 有机十二胺($C_{12}H_{25}NH_2$)加入到氧化钒溶胶中,将形成的淡黄色悬浊液在磁力下充分搅拌 24 小时。将最后的混合液移入含聚四氟乙烯内胆及不锈钢壳的水热釜中,再将水热釜保持在 180℃ 的恒温箱中反应 5 天。最后,把生成的黑色沉淀物过滤并用酒精洗涤后放入 100℃ 的真空箱中干燥 8 小时。所获得的黑色粉末即为氧化钒纳米管(VO_x-NTs)。

将制备好的 VO_x-NTs 置于马弗炉中,在空气气氛下,以 2℃/min 的升温速率加热至 450℃,然后恒温保持 3 小时,随后使马弗炉自然降至 100℃,最后取出样品。所制得的黄色粉末产物即为五氧化二钒纳米穗(V_2O_5-NS)。

6.3　五氧化二钒纳米穗的表征

场发射扫描电子显微镜(FESEM,Philips-XL-30FEG)和透射电子显微镜(TEM,JEOL-1230)用来观察样品的结构和形貌。TEM 测试中的样品粉末通过酒精溶液分散在铜网上并干燥。X 射线衍射图谱(XRD)由带 Cu Kα(λ=1.540 6 Å)辐射源的 RigataD/max-C X 射线衍射仪收集,扫描步长为 0.02°/s(VO_x-NTs)或 0.06°/s(V_2O_5-NS)。X 射线光电子能谱

(XPS)测试在带有镁 Kα 辐射源(hν＝1 253.6 eV)的 RBD upgraded PHI-5000C ESCA (Perkin Elmer)系统上完成,通过碳元素(C_{1s}＝284.6 eV)进行结合能的校准,数据分析及拟合采用 XPS Peak4.1 软件进行。热失重(TG)-温度扫描热分析(DSC)在型号为 SDT Q600 热分析器上进行,温度范围为 26℃～650℃,升温速率为 10℃/min,气温为空气气温。傅立叶红外光谱(FTIR)在 400～4 000 波数范围内通过 Bruker - TENSOR27 红外光谱计获得,采用 KBr 压片作为样品载体。

6.3.1　样品的表面形貌和微观结构

图 6 - 1(a)—(d)中所示的 VO_x - NTs 的 TEM 图表明,VO_x - NTs 具有末端开口的多壁管状结构,它的长度为 1～3 μm,直径大约为 100～200 nm,它的管壁是由交替排列的 VO_x 层(颜色较深的纹路)和十二胺有机模版(颜色较浅的纹路)组成。高倍 TEM 图(图 6 - 1(d))表明,相邻 VO_x 层之间的距离大约为 3 nm,这一距离大致代表了有机模版分子的理论长度。从图 6 - 1 (e)—(h)可以看出,通过后烧结 VO_x - NTs 获得的五氧化二钒纳米穗(V_2O_5 - NS)由很多相互衔接的纳米小晶粒组成,使得 V_2O_5 - NS

图 6 - 1　VO_x - NTs(a—d)和 V_2O_5 - NS(e—h)在不同放大倍率下的 TEM 图

看起来像稻穗,这些小晶粒的尺寸分布在 50～200 nm 的范围。图 6 - 2 显示了多壁 VO_x - NTs 的截面及它放大了的层面结构。我们可以看出,这一通过卷曲机理形成的 VO_x - NTs 包含交替排列的 VO_x 层和十二胺模版[18]。进一步放大的截面视图表明,单独的一个 VO_x 层由两层反向的 VO_5 方形金字塔通过 VO_4 四面体连接而成[19]。由于质子化的有机模版($C_{12}H_{25}NH_3^+$)是带正电的,而 VO_x 层是显弱负电性的,所以质子化的有机十二胺阳离子通过静电作用与 VO_x 层束缚在一起,形成了交替插层的结构[20]。然而,这一束缚力并不是很强。

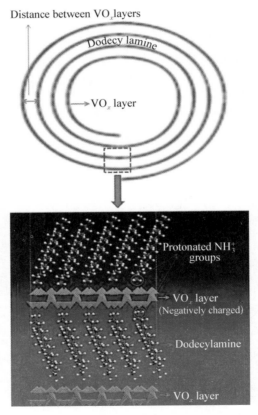

图 6 - 2　VO_x - NTs 的截面视图及放大的层间微结构

　　XPS 技术用来识别 VO_x - NTs 中的元素组分并分析其中不同价态的钒元素含量。VO_x - NTs 样品的 XPS 全谱如图 6 - 3(a)所示,其中,在大约 400 eV 处较弱的 N_{1s} 峰起源于质子化十二胺模版中的—C—NH_2 基团。图 6 - 3(b)给出了 XPS 谱图中的 V_{2p} 区段,该区段可分为 $V_{2p3/2}$ 和 $V_{2p1/2}$ 两个峰,其中的 $V_{2p3/2}$ 峰又能够被分成结合能位于 517.3 eV 和 516.1 eV 处的两

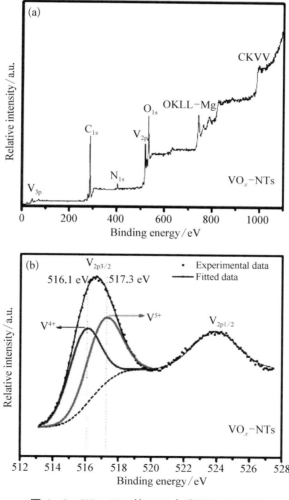

图 6 - 3　VO_x - NTs 的 XPS 全谱图及 V_{2p} 区段

个峰,它们分别归属于 V^{5+} 和 V^{4+}[21]。如图 6-3(b)所示,XPS Peak4.1 软件被用来拟合实验数据,并通过对 V^{5+} 和 V^{4+} 峰面积的计算来确定 VO_x-NTs 中 V^{5+}/V^{4+} 的比例。拟合结果表明,VO_x-NTs 中 V^{5+}/V^{4+} 的比例为 0.92,也就是说,V^{5+} 和 V^{4+} 分别占了 48% 和 52%。正如我们所知道的,在电化学过程中,钒的价态随着锂离子的注入而降低。所以,较高的钒价态意味着更大的锂离子注入潜力。在烧结过程中,混合价态的 VO_x-NTs 将被氧化、再结晶,最后转化成高价态的五氧化二钒纳米穗(V_2O_5-NS),这将有利于更高比容量的实现。

图 6-4 给出了烧结过程中,V_2O_5-NS 形成的示意图。同 VO_x 层静电束缚在一起的质子化十二胺,很容易在热处理过程中与氧气反应并分解。由于 VO_x-NTs 具有的特殊纳米多壁管状结构,在氧气气氛下十二胺模版的高温氧化分解将引起 VO_x-NTs 内部 VO_x 层的坍缩和再结晶,导致了 V_2O_5 纳米小晶粒的出现。烧结过程可以用下面的化学反应方程式简单描述:

$$2C_{12}H_{25}NH_2 + 38.5O_2(450℃) \rightarrow 24CO_2\uparrow + 27H_2O\uparrow + 2NO\uparrow$$

Eq.(1)

$$2VO_x + [(5-2x)/2]O_2(450℃) \rightarrow V_2O_5 \qquad Eq.(2)$$

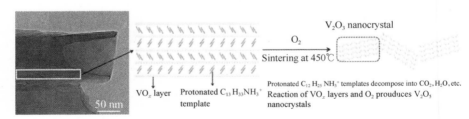

图 6-4 V_2O_5 纳米小晶粒在烧结过程中的形成示意图

VO_x-NTs(图 6-5(a),(b))和 V_2O_5-NS(图 6-5(c),(d))的纳米管和纳米穗状形貌再次被图 6-5 中所示的 SEM 图像所确认。很明显,两个样品都显示出交联的网络结构,这将有利于提供大的电活性比表面积及很多能容纳电解液的通道,从而加快锂离子在电极材料中的扩散。此外,与锂离子嵌入/脱出有关的结构改变也能够很容易地在 V_2O_5 - NS 的纳米小晶粒中得到缓解。有以下几个原因促使我们对前期合成的 VO_x - NTs 进行烧结处理:(1)十二胺模版不仅对电化学性能没有贡献,而且它还会在电化学过程中分解并造成电极材料的性能降级,另外,除去无用的有机模版能够提高活性电极材料的使用率;(2) VO_x - NTs 中的钒原子处于 V^{5+} 和 V^{4+} 的混合态,这将限制了氧化钒阴极材料的最大比容量;(3) VO_x - NTs 较差的结晶度不利于它的长期循环稳定性。

图 6 - 5 VO_x - NTs(a,b)和 V_2O_5 - NS(c,d)在不同放大倍率下的 SEM 图

6.3.2 样品的 XRD 分析

我们通过 XRD 测试来检测 VO_x - NTs 和 V_2O_5 - NS 的结构。如图 6 - 6所示, VO_x - NTs 在小角区域显示出一系列的 (00ℓ) 衍射峰,包括

（001），（002）和（003），表明了它的层状结构。（001）峰的位置（3.17°）被用来计算 VO_x - NTs 中 VO_x 层之间的间隔[22]。根据布拉格定律，这个值是 2.79 nm，接近于 TEM 观测的结果。另外一套在广角区域（15°～50°）的 (*hk*0) 衍射峰，包括（110），（210），（310）等峰，如图 6 - 6 中的插图所示，反映了 VO_x 层的二维结构。V_2O_5 - NS 显示出了一系列的特征衍射峰，如（200），（001），（101），（110），（400）等。这些峰与晶态 V_2O_5 粉末（空间群：Pmmn；$a = 11.516$ Å，$b = 3.566$ Å，$c = 4.372$ Å）所具有的相一致，图谱中也没有其他的杂质峰，说明了 V_2O_5 纳米小晶体的纯度高。通过谢乐公式的计算，V_2O_5 - NS 中 V_2O_5 纳米小晶粒的平均尺寸大约为 70 nm，这也与 TEM 及 SEM 的观察基本相一致。

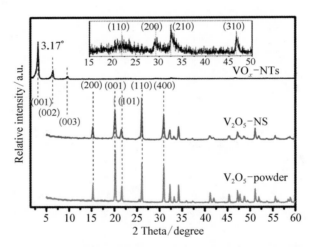

图 6 - 6　V_2O_5 晶态粉末、VO_x - NTs 和 V_2O_5 - NS 的 XRD 图谱
（插图为 VO_x - NTs 在 15°～50°间放大的 XRD 图谱）

6.3.3　样品的 TG - DSC 分析

图 6 - 7 给出了 VO_x - NTs 在空气中烧结时的 TG - DSC 曲线。从室温至 200℃左右所产生的 2.8% 的热失重归结为样品中吸附水的热蒸发。VO_x - NTs 中有机模版的彻底氧化分解发生在大约 411℃ 处，引起了总共

39.2%的热失重,这也代表了 VO$_x$ - NTs 中有机模版的大致含量。两个出现在 270℃ 和 396℃ 处的放热峰主要分别归因于十二胺的氧化分解和 VO$_x$ 层的再结晶。从热失重曲线也可以看出,VO$_x$ - NTs 包含了大量对电化学容量没有贡献的有机模版。

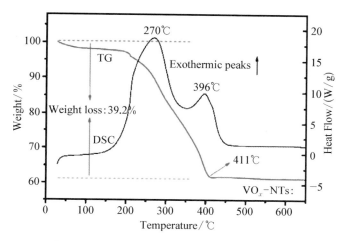

图 6 - 7　VO$_x$ - NTs 在空气中的 TG - DSC 曲线

6.3.4　样品的红外光谱分析

我们用红外光谱(FTIR)测试来确定烧结后的样品中是否还有模版剂的残留。如图 6 - 8 所示,在 721 cm^{-1},1 465 cm^{-1},2 850 cm^{-1} 和 2 920 cm^{-1} 处的吸收峰可归为 VO$_x$ - NTs 中有机模版里 C—H 键的各种伸缩及弯曲振动模式[23]。这些吸收峰在 V$_2$O$_5$ - NS 的红外光谱中则完全消失了,表明十二胺有机模版的完全去除。对于两个样品来说,出现在 1 000 cm^{-1} 附近的特征吸收峰(1 002 cm^{-1} 和 1 006 cm^{-1}),分布在 700～900 cm^{-1} 范围内的特征峰(785 cm^{-1} 和 829 cm^{-1})和处于 700 cm^{-1} 以下的峰(496 cm^{-1},575 cm^{-1},487 cm^{-1} 和 631 cm^{-1})分别对应氧化钒中端基氧(V ═O)的伸缩振动,双配位桥氧的振动和三配位链氧的对称及非对称伸缩振动[24]。红外光谱中相应配位氧键的移动可能是由配位几何上的晶格扭曲和微观应力改变所引起[25]。在 1 620 cm^{-1} 和 3 425 cm^{-1} 处的吸收峰可分别归因于样品中结合水分子的 H—O—H 弯曲振动模式和 H—O 伸缩振动模式[26]。

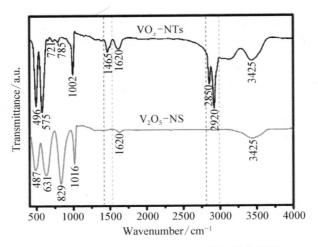

图 6-8 VO$_x$-NTs 和 V$_2$O$_5$-NS 的红外光谱图

6.4 五氧化二钒纳米穗的电化学性能

工作极片制备如下：把活性物质 VO$_x$-NTs 或 V$_2$O$_5$-NS，导电炭黑和聚偏氟乙烯黏结剂（PVDF）按 7：2：1 的质量比混合后分散在 N 甲基吡咯烷酮有机溶剂中，形成浆料状的黏性物质，经过 3 小时充分搅拌后，均匀地涂抹在铝箔上。涂覆后的极片在真空条件下 120℃干燥 8 小时，然后裁成直径 12 mm 的圆形阴极极片。

通过组装纽扣电池对样品材料作为阴极时的电化学性能进行测试，其中，型号为 Celgard 2500 的多孔膜作为电池隔膜，锂片作为对极（阳极）及参比电极，电解液为 1 mol/L 的 LiPF$_6$溶解在体积比为 1/1 的碳酸乙烯酯/

碳酸二甲酯有机混合溶剂中。纽扣电池在充满氩气的手套箱中进行组装，手套箱中的水分量和氧气含量均低于 1 ppm。

恒流充放电采用 LAND 电池测试系统在不同电流密度下进行，工作电压范围为 1.5～4 V；循环伏安（CV）测试采用 CHI660C（Chenghua，Shanghai）电化学工作站，扫描速率分别为 2 mV/s 和 0.1 mV/s，扫描电压范围为 1.5～4 V；电化学交流阻抗谱（EIS）测试在 3 V 的充电态（SOC）下进行，交流信号幅度为 5 mV，频率范围为 100 kHz～0.01 Hz，Nyquist 图通过 Zview 软件进行分析和拟合。所有的测试均在室温（大约 25℃）下进行。

6.4.1　循环伏安及恒流充放电测试

我们对 VO_x - NTs 和 V_2O_5 - NS 进行了系统的电化学性能测试，以研究它们作为阴极材料时的特性。如图 6 - 9 所示，V_2O_5 - NS 只有在首次放电曲线中显现了四个明显的电压平台，依次在 3.38 V，3.19 V，2.27 V 和 2.03 V，分别对应着 Li^+ 注入过程中 α 相 $Li_xV_2O_5$ $(x<0.01)$ 到 ε 相 $Li_xV_2O_5$ $(0.35<x<0.7)$，ε 相 $Li_xV_2O_5$ 到 δ 相 $Li_xV_2O_5$ $(x<1)$，δ 相 $Li_xV_2O_5$ 到 γ 相 $Li_xV_2O_5$ $(x>1)$ 以及 γ 相 $Li_xV_2O_5$ 到 ω 相 $Li_xV_2O_5$ $(x>2)$ 的转变[27]。首次放电后，两样品均表现出平滑的放电曲线，这反映出它们作为阴极材料时的无定形特性[28]。这里所报道的正交晶系的 V_2O_5 - NS 作为阴极材料时，是在一个较宽的电压窗口（1.5～4 V）下进行充放电，所以得到的放电比容量很高。然后，对于正交晶系的 V_2O_5 - NS 阴极材料，在如此深的放电情况下，其相变将是不可逆的。所以，可重复的充放电平台在随后的循环过程中将不会出现。一般情况下，如果我们在较窄的电压窗口下测试 V_2O_5 基阴极材料，能够观察到可重复出现的充放电平台，但是，在这样的情况下所获得的比容量将会降低很多。正如从 V_2O_5 - NS 的首次放电曲线中所观察到的那样，一大部分放电容量分布在 1.5～2.5 V 之间。

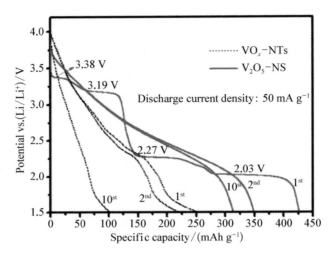

图 6-9 VO$_x$- NTs 和 V$_2$O$_5$- NS 在 50 mA/g 电流密度下的
首次、第 2 次及第 10 次放电曲线

图 6-10 显示了两样品的前 4 次循环伏安(CV)曲线。为了研究这些纳米结构的阴极材料在高功率情况下的锂离子注入/退出特性,我们在 CV 测试中采用了一个较高的扫描速度(2 mV/s)。可以看到,V$_2$O$_5$- NS 在首次循环过程中显示出了三个明显的还原峰,它们与锂离子在第一次放电过程中不可逆的多相注入有关[29]。在随后的循环过程中,V$_2$O$_5$- NS 比起 VO$_x$- NTs 表现出更大的峰面积及更稳定的峰形,这说明 V$_2$O$_5$- NS 具有更高的容量和更好的循环性能[30]。为了更精确地研究 V$_2$O$_5$- NS 的电化学行为,我们在 CV 测试中采用了一个较低的扫描速率(0.1 mV/s),如图 6-11所示。正如我们所看到的,在首次循环中出现在 3.34 V 和 3.12 V处的两个向下的还原峰(锂离子注入)分别与图 6-9 中处在 3.38 V 和 3.19 V 的放电平台对应得很好。另外,在 2.16 V 和 1.83 V 的两个还原峰基本对应着图 6-9 中在 2.27 V 和 2.03 V 处的两个放电平台。我们发现,在低压区,还原峰的峰位置发生了一些偏移,这主要是由电极材料在截止电压附近处的极化引起。值得注意的是,在循环伏安开始时,一个向上的

氧化峰出现在 3.45 V 处。这是因为纽扣电池在测试前发生了少量的自放电,一部分锂离子注入到了阴极材料中,当电压升高时,这部分注入的锂离子将再次被脱出,从而出现了小的氧化峰。接下来的第二次和第三次 CV 曲线几乎彼此重叠在一起,说明了 V_2O_5-NS 阴极材料良好的循环稳定性。

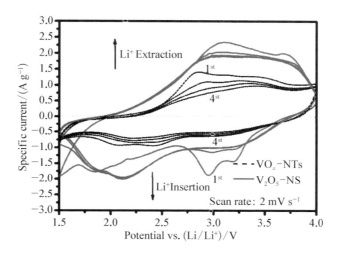

图 6-10　VO_x-NTs 和 V_2O_5-NS 在 2 mV/s 扫描
速度下的前 4 次循环伏安曲线

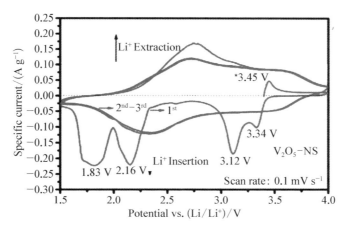

图 6-11　VO_x-NTs 和 V_2O_5-NS 在 0.1 mV/s 扫描
速度下的前 3 次循环伏安曲线

图 6-12 所示为两样品的恒流充放电循环。V_2O_5-NS 在 50 mA/g，100 mA/g 和 150 mA/g 的电流密度下，分别表现出 427 mAh/g，409 mAh/g 和 392 mAh/g 的首次放电比容量，经 50 次循环后，它在相应的电流密度下仍分别保持 219 mAh/g，210 mAh/g 和 197 mAh/g 的比容量。对于 VO_x-NTs 来说，它在 50 mA/g，80 mA/g 和 100 mA/g 的电流密度下的首次放电比容量分别为 252 mAh/g，242 mAh/g 和 225 mAh/g，但经过 50 次充放电循环后，各个电流密度下的比容量均降至 33 mAh/g 左右。为了纯理论分析的需要，我们仅仅基于 VO_x-NTs 中电活性 VO_x 层的含量来计算 VO_x-NTs 的首次放电比容量，在 50 mA/g，80 mA/g 和 100 mA/g 电流密度下的计算值分别为 416 mAh/g，398 mAh/g 和 379 mAh/g，经 50 次循环后，放电比容量均将为大约 54 mAh/g。通过比较，这些值也都比 V_2O_5-NS 在同样测试情况下的值要低。然而，在实际应用中，仅考虑 VO_x-NTs 中电活性 VO_x 层的质量是不合理的，因为十二胺模版和 VO_x 层是结合为一体的。VO_x-NTs 容量的快速衰减是由有机十二胺模版在电化学反应中的分解及其对电解液的毒化所引起。应该注意的是，V_2O_5-NS

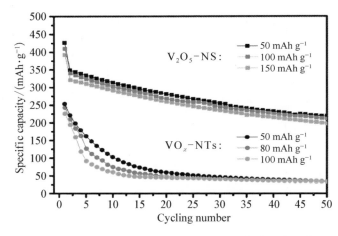

图 6-12　VO_x-NTs 和 V_2O_5-NS 在不同电流密度下的
循环性能(工作电压窗口为 1.5~4 V)

在首次循环后,其比容量发生了一次急速的衰减。这是因为在深度放电下(低于 2 V)的首次注锂过程中,一些锂离子将永久性地注入到 V_2O_5 基体材料中,且在以后的充电过程中不再脱出[31]。可以得出结论:具有纳米穗状结构的 V_2O_5 - NS,它由相互衔接的 V_2O_5 纳米小晶粒组成且不含有机模版,表现出了高的比容量,良好的循环性能及倍率性能。这里所制备出的具有分级结构的 V_2O_5 - NS,由于它的无定形特性及较好的锂离子注入性质,在超级电容器应用中将能够提供大量的赝电容,如果它能与纳米结构的碳质材料相结合,也可以用作一种高性能的超级电容器材料。

6.4.2　电化学交流阻抗谱测试

为了研究锂离子在电极材料/电解液界面的迁移机制并评价锂离子在电极材料内部的扩散情况,我们对 VO_x - NTs 和 V_2O_5 - NS 阴极材料进行了电化学交流阻抗谱(EIS)测试。如图 6 - 13(a)所示,Nyquist 图是从 3 V 充电态下 EIS 测试获得,图中的曲线都包括高频区一个凸起的半圆和低频区的一条斜线,分别与电极界面的电荷转移和锂离子在阴极材料中的扩散有关[32,33]。一般来说,高频区半圆的直径越大,意味着电荷转移电阻越

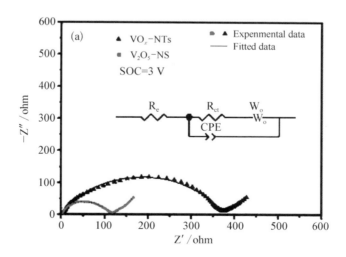

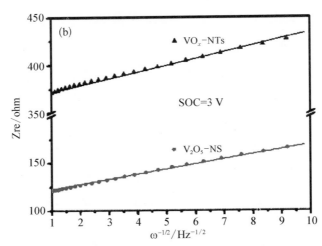

图 6 – 13　VO_x – NTs 和 V_2O_5 – NS 在 3 V 充电态下的 Nyquist
图(a)(图中插图为等效电路)及两样品在低频区
Z_{re} 和 $\omega^{-1/2}$ 的线性关系图 (b)

大[34]。我们进一步用图 6 – 13(a)中所示的等效电路(插图所示)来拟合实验数据。在等效电路图中,R_{ct} 表示电荷转移电阻,是我们研究的重点,R_e、CPE 和 W_o 分别表示电解液阻抗,恒相位角元件和 Warburg 阻抗。拟合结果列于表 6 – 1 中,结果显示,V_2O_5 – NS 的电荷转移电阻明显要比 VO_x – NTs 小。这表明 V_2O_5 – NS 中锂离子通过阴极材料/电解液界面时的转移和扩散要更加容易。VO_x – NTs 所具有的较大电荷转移阻抗是由于它里面存在着很多无电导性的有机十二胺模版。

表 6 – 1　两样品在 3 V 充电态下根据等效电路拟合得到的电解液电阻(R_e),
电荷转移电阻(R_{ct})和 Warburg 阻抗系数(A_w)

Samples	R_e(ohm)	R_{ct}(ohm)	$A_w(\Omega \cdot cm^2 \cdot s^{-1/2})$
VO_x – NTs	2.413	368.2	7.12
V_2O_5 – NS	2.166	103.8	5.18

正如前面所提到的,Nyquist 图在低频区(大约 $1 \sim 0.01$ Hz)显示出了一条斜线。当我们在低频区使用实阻抗(Z_{re})作为根号下角频率倒数

（$\omega^{-1/2}$）的函数[35]，将能够获得一个它们二者间的很好的线性关系图
（$Z_{re} - \omega^{-1/2}$），如图 6-13(b)所示。根据方程(3)，图 6-13(b)中线段的斜
率为 Warburg 阻抗系数（A_w），而 Warburg 阻抗系数平方值的倒数正比于
锂离子的扩散系数 D_{Li}（参看方程(4)）[36]。所以，A_w 的数值可以用来间接
推测锂离子在阴极材料中的扩散。VO_x-NTs 和 V_2O_5-NS 的 A_w 计算值
列于表 6-1 中，可看出，两样品都显示出较小的 Warburg 阻抗系数，因为
它们所具有的特殊纳米结构有利于锂离子的扩散。这里，由于有机模版被
除去的缘故，V_2O_5-NS 显示出更小的 A_w 值。

$$Z_{re} = R_e + R_{ct} + A_w \omega^{-1/2} \qquad \text{Eq. (3)}$$

$$D_{Li} \propto 1/A_w^2 \qquad \text{Eq. (4)}$$

以上 EIS 的测试结果能对 V_2O_5-NS 的优越电化学性能，特别是较好
的倍率性能，提供辅助性的解释。

6.5　本章小结

通过对水热合成的氧化钒纳米管（VO_x-NTs）进行空气中的控温后烧
结处理，我们获得了一种新颖的五氧化二钒纳米穗（V_2O_5-NS），该纳米穗
由相互交联的五氧化二钒纳米小晶粒组成，小晶粒的尺寸分布在 50～
200 nm 的范围。当这种五氧化二钒纳米穗（V_2O_5-NS）作为锂离子电池阴
极材料时，体现出极高的比容量（在 1.5～4 V 的电压范围，50 mA/g 的电
流密度下，首次放电比容量为 427 mAh/g）和良好的循环性能（同样测试条
件下经 50 次充放电循环后，比容量还有 219 mAh/g）。如此优越的电化学
性能得益于 V_2O_5-NS 的纳米穗状分级结构，该结构能提供更多的锂离子
活性注入位，从而增加其比容量，也能很好地缓解充放电过程中产生的结

构应力,达到防止其结构降级、改善其循环性能的目的。此外,V_2O_5-NS 也表现出很好的倍率性能,它在 1.5～4 V 的电压范围内,150 mA/g 的电流密度下,首次放电比容量为 392 mAh/g,50 次循环后的比容量为 197 mAh/g,这是由于 V_2O_5-NS 具有更低的电荷转移电阻及更好的锂离子扩散性质。这种新颖的五氧化二钒纳米穗可以作为一种有潜在应用前景的高性能锂离子电池阴极材料。本工作中所涉及的制备方法也是一种实现氧化钒纳米化的有效途径。

第7章

一体化结构的碳纳米管复合五氧化二钒

7.1 引　言

因为锂离子电池的高容量[1-3]，它已成为很多电子器件的重要供能设备。当前，人们对高容量、高功率、良好循环性能的锂离子电池有着急切的需求。锂离子电池中的电极材料在决定其电化学性能上起着主要的作用，尤其是阴极材料[4,5]。目前锂离子电池中所使用的传统阴极材料仅具有 $140 \sim 170 \ mAh/g$ 的比容量[6]，像 $LiCoO_2$（$\sim 140 \ mAh/g$）、$LiMn_2O_4$（$\sim 150 \ mAh/g$）和 $LiFePO_4$（$160 \sim 179 \ mAh/g$）等。这限制了锂离子电池性能的进一步提高。很多研究者致力于开发新型可替代性的阴极材料，希望它们拥有更高的比容量和良好的循环性[7-9]。五氧化二钒（V_2O_5）作为一种很具有潜力的新型阴极材料，已经被广泛地研究。这是由于它比容量高、合成容易且毒性低[10,11]。特别是它的理论比容量很高，可达 $\sim 440 \ mAh/g$，这得益于它特殊的开放性层状结构及钒原子的多重氧化态[12]。然而，商业化 V_2O_5 粉末用作锂离子电池阴极材料时，由于它固有的低离子扩散率、低电子电导率及结构不稳定性，使得它在电化学过程中比容量不高且衰减严重，倍率性能也较差。为了克服这些缺陷并提高其性能,研究者们设计出了各种各样的氧化钒纳米结构,如氧化钒纳米线、纳米棒、纳米带、纳米多孔球、纳米分级结构等[13-16]。实现氧化钒纳米化所采用的方法也是多种多样,如溶胶凝胶、水热、反胶束、电沉积、电喷束等。这么做的目的是因为纳米结构能提供较大的电活性表面积,降低锂离子在电极材料中的扩散长度及有效地缓解锂离子在注入/脱出过程中引起的机械应力。此外,为了加强整体的导电性,各种导电材料,如碳质材料和导电聚合物[17,18],也被用来与 V_2O_5 纳米结构进行复合。很多用来制备纳米结构氧化钒材料及其复合物的方法通常都涉及严苛的合成条件(如高温、真空),精密的设备和烦琐的步骤[19-21]。因此,寻找一种方便简单的方法来制备纳米结构的氧化钒及其复合材料是非常重要且有意义的。

在本章中,我们通过简单的水热法及随后的烧结处理,制备出了一种一体化多孔结构的碳纳米管复合五氧化二钒材料($MWCNT - V_2O_5$)。在水热反应过程中,质子化的十六胺($C_{16}H_{33}NH_3^+$)作为一种中介剂,通过弱的静电力将带负电的氧化钒层(VO_x)与混酸处理过的多壁碳纳米管连接在了一起,形成了一种三相复合材料($MWCNT - C_{16} - VO_x$)。在空气中烧结的情况下,有机十六胺中介剂将氧化分解,此时,这种三相复合材料会转变成一体化多孔结构的 $MWCNT - V_2O_5$ 两相复合物。在电化学循环过程中,由于 $MWCNT - V_2O_5$ 具有多孔且一体化的结构,它能提供大的活性表面积,良好的导电网络及有效的应力缓解作用。均匀分散的 MWCNTs 既有导电剂的作用,又有缓冲剂的作用。因此,$MWCNT - V_2O_5$ 作为锂离子电池阴极材料时,表现出了优越的电化学性质。当烧结温度进一步提高的时候,$MWCNT - V_2O_5$ 一体化材料将转化成 V_2O_5 纳米小颗粒。我们也对此种 V_2O_5 纳米小颗粒的电化学性能做了评估,并与 $MWCNT - V_2O_5$ 材料的性能进行了比较。

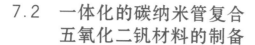

7.2 一体化的碳纳米管复合五氧化二钒材料的制备

实验中用到的所有试剂都是分析纯级别的,在使用时没有再进行纯化。首先通过混酸预处理的方法对多壁碳纳米管进行分散和表面修饰,过程如下:将 0.5 g 多壁碳纳米管(MWCNTs)投入到 40 mL 浓硫酸(98%)和饱和浓硝酸的混合溶液中(H_2SO_4:HNO_3=3:1,体积比),在 40℃下超声振荡 1.5 小时,然后高速离心获得黑色沉淀物,再用醇水混合液反复洗涤,经过滤、干燥后,得到表面修饰的多壁碳纳米管,收集后在接下来的过程中使用。其次,把 0.91 g 晶态 V_2O_5 粉末慢慢分散在 80 mL 浓度为 30%的双氧水(H_2O_2)里,然后进行充分的磁力搅拌。在搅拌过程中,将有大量的气泡产生并伴随有剧烈的放热现象,大约半小时后,形成亚稳态的钒过氧化合物溶胶,经一段时间的老化后,最后形成橙红色的氧化钒溶胶。然后,将 0.602 g 有机十六胺($C_{16}H_{33}NH_2$ 与 V_2O_5 的摩尔比为 1:2)加入到橙红色的氧化钒溶胶中,在室温下经 24 小时充分的磁力搅拌后形成淡黄色的悬浊液。最后,把 0.136 g 混酸处理过的 MWCNTs(MWCNTs 与 V_2O_5 的质量比为 15%)分散到淡黄色的悬浊液中并持续搅拌 3 小时,将形成的黑色悬浊液转移到含特氟龙内胆,容量为 100 mL 的不锈钢水热釜中。水热釜置于 180℃的恒温箱中进行 3 天的水热反应。水热后得到的黑色沉淀物经过滤,并用酒精反复洗涤后,在真空条件下以 80℃干燥 6 小时。最后获得的黑色产物即为多壁碳纳米管、十六胺和氧化钒的三相复合材料(MWCNT-C_{16}-VO_x)。

在接下来到的实验中,将制备好的三相复合材料(MWCNT-C_{16}-VO_x)分成三份。一份在 400℃的空气气氛下烧结 2 小时,前期加热时的升温速度为 5℃/min,烧结后的产物在马弗炉中自然降至室温(这里所得的产物标记为 MWCNT‐V_2O_5);另外一份以相同的升温速率在 550℃的空气气氛下烧结 3 小时,烧结后的产物也自然降至室温(这里的产物标记为 V_2O_5 nanoparticle);最后一份保留下来进行对比。

7.3　一体化的碳纳米管复合
五氧化二钒材料的表征

样品的形貌和结构通过场发射扫描电子显微镜(FESEM,Philips‐XL‐30FEG)和透射电子显微镜(TEM,JEOL‐1230)来进行观察。TEM 测试中的样品粉末通过酒精溶液分散在铜网上。X 射线衍射(XRD)图谱由带 Cu Kα(λ=1.540 6 Å)辐射源的 RigataD/max‐C X 射线衍射仪收集。热失重(TG)‐不同温度扫描热分析(DSC)测试在型号为 SDT Q600 热分析器上进行,测试温度范围为 50℃~765℃,升温速率为 5℃/min,气氛为空气气氛。傅立叶红外光谱(FTIR)在 400~4 000 波数范围内通过 Bruker‐TENSOR27 红外光谱计获得,采用 KBr 压片作为样品载体。

7.3.1　样品的表面形貌和微观结构

在氧化钒溶胶的制备中,V_2O_5 粉末与过量双氧水的反应是非常复杂的,过程可以简单地描述如下:首先,V_2O_5 粉末溶解在过量的双氧水里产生橙色的钒的双过氧化物系列,即 $[VO(O_2)_2]^-$,这个基团相当不稳定。这些双过氧化物系列逐渐地分解成钒的单过氧化物系列,即 $[VO(O_2)]^+$,然后再分解成钒酸盐系列。过氧化物系列的分解伴随着过氧基团的氧化和氧气的产生。一种称为十钒酸($[H_nV_{10}O_{28}]^{(6-n)-}$)的溶液将在随后形成。最后,十钒酸自发地进行离解,生成了五氧化二钒溶胶[22,23]。通过 pH 试

纸(灵敏度为 0.5)测试,所得五氧化二钒溶胶的 pH 值大约是 2.5。主要反应过程的化学方程式如下:

$$xV_2O_5 + 4xH_2O_2 + yH_2O \rightarrow 2x[VO(O_2)_2]^- + 2xH^+ + (3x + y)$$
$$H_2O \rightarrow (2x-a)[VO(O_2)_2]^- + a[VO(O_2)]^+ + 2(x-a)H^+ + 0.5aO_2\uparrow +$$
$$(3x + y + a)H_2O \rightarrow c[VO_2]^+ + (2x - c - 10b)[VO(O_2)]^+ +$$
$$b[H_nV_{10}O_{28}]^{(6-n)-} + (x+0.5c+5b)O_2\uparrow + (4x+y-0.5nb)H_2O[n=(16b-$$
$$2x)/b] \rightarrow (2x - 10d)[VO_2]^+ + d[H_nV_{10}O_{28}]^{(6-n)-} + 2xO_2\uparrow + (4x+y-$$
$$0.5nd)H_2O[n=(16d-2x)/d] \rightarrow xV_2O_5 \cdot [4+(y/x)]H_2O + 2xO_2\uparrow$$

上式中,$xV_2O_5 \cdot [4+(y/x)]H_2O$ 代表了生成的五氧化二钒溶胶。图 7-1(a)显示了混酸处理后的多壁碳纳米管(MWCNTs)的 SEM 图,它们看起来像交联在一起的纳米纤维。在水热反应之前,我们用混酸对 MWCNTs 进行预处理(参看实验部分的描述)。这种处理能够在 MWCNTs 的表面引入很多种含氧官能基团,如 C—OH、—C=O、COO—等[24,25],并创造出一些缺陷,同时还能加强 MWCNTs 在水热液中的分散性[26]。图 7-1(b)—(d)显示了 MWCNT-C₁₆-VO$_x$ 三相复合物在不同放大倍率下的 SEM 图。这些图像表明,MWCNT-C₁₆-VO$_x$ 三相复合物具有与钢筋混凝土相似的结构,其中,MWCNTs 如同钢筋的角色,十六胺/氧化钒层(C₁₆/VO$_x$)好比是混凝土。如图所示,MWCNTs 与 C₁₆/VO$_x$ 层形成均匀的一体化结构,可以看到一些单独的 MWCNTs 从复合物的表面突出来。图 7-2 给了一个简单的图示,说明了 MWCNT-C₁₆-VO$_x$ 三相复合物的形成机制。在水热反应过程中,十六胺(C₁₆)和五氧化二钒溶胶分别是一种弱的还原剂和弱的氧化剂。五氧化二钒溶胶将转变成带负电的 VO$_x$ 层。这种 VO$_x$ 层是由两层反向的 VO₅ 方形金字塔通过 VO₄ 四面体连接而成[27,28]。同时,质子化的十六胺($C_{16}H_{33}NH_3^+$)分子彼此反向平行排列,它们带正电荷基团(NH_3^+)的一端都指向外侧[29]。通过弱的静电

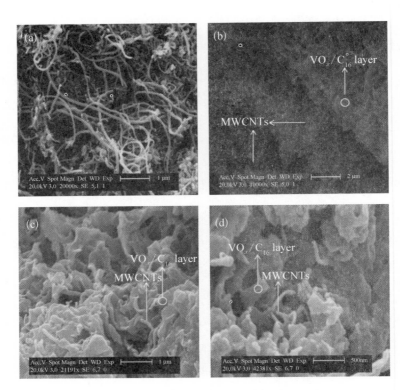

图 7 - 1 　混酸处理后 MWCNTs 的 SEM 图(a)；MWCNT - C₁₆ - VOₓ
三相复合物在不同放大倍率下的 SEM 图(b—d)

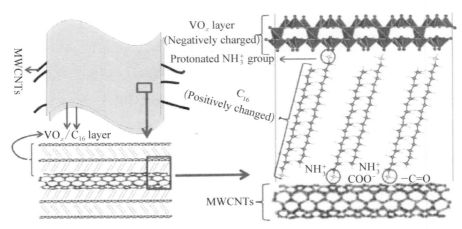

图 7 - 2 　MWCNT - C₁₆ - VOₓ 三相复合物在水热条件下形成的简单示意图

力[30,31]，带正电荷的 $C_{16}H_{33}NH_3^+$ 分子和带负电性的 VO_x 层将交替排列形成 C_{16}/VO_x 多层结构，如图 7 - 2 所示。正如我们所知道的，由于混酸预处理会在 MWCNTs 的表面引入缺陷和含氧官能团[32]，所以功能化的 MWCNTs 显弱的电负性。因此，两端都显正电性的 $C_{16}H_{33}NH_3^+$ 分子组合就如同一个连接器一样，把显弱电负性的 MWCNTs 和 C_{16}/VO_x 多层结构结合在了一起，从而形成了三相复合结构的 MWCNT - C_{16} - VO_x。一般来讲，在 VO_x 层里仅仅是一部分 V^{5+} 被还原成了 V^{4+}。因此，VO_x 层中 x 的值处在 2～2.5 之间，即 VO_x（2＜x＜2.5）。

　　图 7 - 3(a)显示了 MWCNT - C_{16} - VO_x 复合物的 TEM 图。图中显示，大量的 C_{16}/VO_x 层存在于 MWCNTs 的周围。由于 MWCNT - C_{16} - VO_x 复合物紧密的一体化结构，这个图像也许不够典型。图 7 - 3(b)—(e)给出了

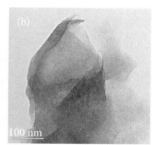
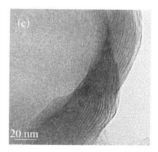

图 7 - 3 　MWCNT - C_{16} - VO_x 三相复合物的 TEM 图(a)和游离出来的
C_{16}/VO_x 多层结构在不同放大倍率下的 TEM 图(b—e)

游离出来的 C_{16}/VO_x 层的 TEM 及高倍 TEM 图（HR-TEM）。如图 7-3(e) 所示，这一卷曲的 C_{16}/VO_x 层由交替排列的 VO_x 层（深色部分）和十六胺分子层（浅色部分）组成，VO_x 层间的距离大概是 3.2 nm，这一数值基本等于十六胺分子的理论长度。SEM 和 TEM 的观察证明了 MWCNT-C_{16}-VO_x 样品由静电力导致的三相复合结构。

为了获得高性能的锂离子电池阴极材料，我们对 MWCNT-C_{16}-VO_x 复合物进行了后烧结处理。因为无电活性的有机十六胺分子会在电化学过程中分解及毒化电解液，导致阴极材料性能的严重降级。如图 7-4(a)，(b) 所示，在空气中烧结处理 2 小时后，以前的 MWCNT-C_{16}-VO_x 复合物

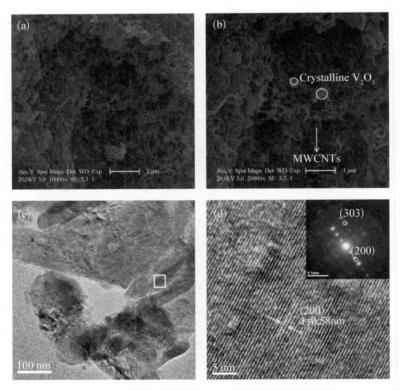

图 7-4　MWCNT-V_2O_5 复合物的 SEM 图 (a, b)；游离出来的 V_2O_5 小颗粒的
TEM 图 (c) 和 HR-TEM 图 (d)；图 (d) 中插图为对应区域的 SAED 图

转变成了一体化结构的 MWCNT - V_2O_5 两相复合物,其中,MWCNTs 均匀地与晶态的 V_2O_5 相结合。此外,由于十六胺中介剂的去除,具有纳米结构的 MWCNT - V_2O_5 两相复合物还表现出多孔的形貌,这将能够提供更多的让电解液渗透的通道。游离出来的 V_2O_5 小颗粒的 TEM 及 HR - TEM 图分别如图 7 - 4(c)和(d)所示。从图 7 - 4(d)和它相应的选区电子衍射(SAED)图(图 7 - 4(d)中的插图)可以确定,这些游离出来的小颗粒是正交晶系的五氧化二钒(V_2O_5),它显示出了清晰的晶格条纹,宽度为 0.58 nm,对应着(200)晶面。

当在空气中的烧结温度升高到 550℃,之前所生成的 MWCNT - V_2O_5 两相复合物将转化成 V_2O_5 纳米小颗粒,并伴随着 MWCNTs 的氧化分解。V_2O_5 纳米小颗粒的 SEM 图及典型的 TEM 图分别如图 7 - 5(a),(b)和(c)所示。从图 7 - 5(b)和(c)中可以看出,大多数 V_2O_5 小颗粒彼此交联在一起,它们的尺寸分布在 100~300 nm 之间。

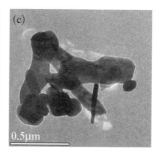

图 7 - 5　550℃烧结后形成的 V_2O_5 纳米小颗粒的 SEM 图(a,b)和 TEM 图(c)

如果我们在水热制备过程中不加入十六胺,五氧化二钒溶胶将不会直接与 MWCNTs 发生作用,而是通过五氧化二钒溶胶的再结晶过程,形成团聚的氧化钒棒。这些所形成的氧化钒棒彼此团聚,而且不能与 MWCNTs 进行的有效复合,如图 7 - 6 所示。我们可以看出,在水热反应中,添加十六胺中介剂对 MWCNT - C_{16} - VO_x 三相复合物的形成至关重要。

图 7-6　水热反应中未加十六胺中介剂时形成的
MWCNTs/氧化钒纳米棒混合物

　　本章中,我们的目标是合成一种适用于锂离子电池的高性能阴极材料。所以,电极材料的主要组分应该是电活性的 V_2O_5。此外,由于 MWCNTs 的低密度,我们只需要较低质量比(通常低于总质量的 20%)的 MWCNTs 就可以制造出有效的导电及缓冲网络。如果 MWCNTs 的含量太高,制备出的 $MWCNT-V_2O_5$ 复合物将表现出显著的电容特性和低的工作电压,这将使它不适合作为一种阴极材料。我们用同样的实验方法合成了 $MWCNTs/V_2O_5$ 的质量比为 1/1 的 $MWCNT-V_2O_5$ 复合物,如图 7-7 所示。可以发现,MWCNTs 是占主要的,有限数量的 V_2O_5 小颗粒零

图 7-7　当 MWCNTs 与 V_2O_5 的质量比为 1∶1 时
生成的 $MWCNT-V_2O_5$ 复合物

星地分散在 MWCNTs 当中。这种 MWCNTs 含量高的复合物可以用来作为一种具有潜力的超级电容器或赝电容器的电极材料,但是它不适合作为锂离子电池的阴极材料。

7.3.2　样品的 XRD 分析

XRD 测试用来进一步检测所制备出样品的结构。图 7 - 8 显示了 MWCNT - C_{16} - VO_x 和 MWCNT - V_2O_5 的 XRD 图谱。可以观察到 MWCNT - C_{16} - VO_x 的 XRD 图谱只显示出一套(00ℓ)系列衍射峰,即小角区的(001),(002)和(003)峰,它们对应着 MWCNT - C_{16} - VO_x 内部 C_{16}/VO_x 层的有序层状结构。

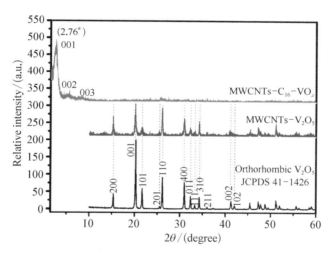

图 7 - 8　MWCNT - C_{16} - VO_x 三相复合物和 MWCNT - V_2O_5 两相复合物的 XRD 图谱

我们知道,(001)峰在 2.76°的位置反映了 VO_x 层之间的间距。根据布拉格定律,这个距离是 3.2 nm,与图 7 - 3(e)中 TEM 的观察相一致。此外,在广角区域,MWCNT - C_{16} - VO_x 没有明显的特征衍射峰,这表明了 VO_x 层的无定形特性。在空气中 400℃烧结后,正如 MWCNT - V_2O_5 复合物的 XRD 图谱所证明,这些无定形的 VO_x 层转化成了正交晶系的 V_2O_5 JCPDS NO. 41-1426,空间群: P_{mnn}($a=11.516$ Å,$b=3.566$ Å,$c=4.372$ Å),但其衍射峰相对较弱,有可能是 MWCNTs 的存在所引起。这一结果与图 7-4 (d)中的 HR-TEM 观察相一致。

在 550℃ 空气中烧结形成的 V_2O_5 纳米小颗粒的 XRD 图谱如图 7-9 所示,显现的峰位可完全归属于正交晶系的 V_2O_5($JCPDS$ 41-1426),没有其他杂质峰能被探测到。与 MWCNT-V_2O_5 相比,V_2O_5 纳米小颗粒所显示出的相对强和纯的衍射峰表明了在 550℃ 空气下烧结后,MWCNTs 完全分解了。

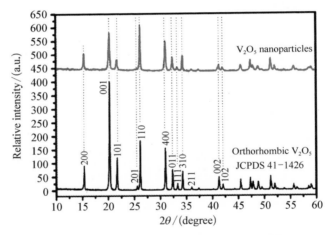

图 7-9   550℃ 空气中烧结后形成的 V_2O_5 纳米小颗粒的 XRD 图谱

7.3.3   样品的 TG-DSC 分析

热失重(TG)-不同温度扫描热分析(DSC)测试用来研究整个烧结过程中,样品从 MWCNT-C_{16}-VO_x 转变到 MWCNT-V_2O_5,然后再转变成 V_2O_5 纳米小颗粒的过程。如图 7-10 所示,在 50℃~200℃ 过程中所产生的 2.74% 的热失重可归为样品中吸附水及结合水的蒸发。在 200℃~

403℃所产生的 27.19％的热失重主要归因于有机十六胺分子的热分解。TG 曲线表明,在 403℃ 处出现了一个拐点,从这一点到 530℃ 又产生了 7.04％的热失重,这主要是由于 MWCNTs 在空气中的氧化分解。根据制备过程中各反应物的配比,十六胺与总的反应物的质量比大约为 36.5％,MWCNTs 所占的质量比应该是 8.2％。我们发现,这些数值均比从热失重测试中所获得的相应值要大。它们之间的差异很可能是由于在水热条件下,一部分十六胺和 MWCNTs 没有同氧化钒结合,而是溶在了水热液中,并在水热反应后被洗涤掉了。如图中 DSC 曲线所示,三个放热峰出现在了 261℃,397℃ 和 458℃,它们分别由空气气氛下十六胺的热分解、无定形氧化钒的结晶和 MWCNTs 的氧化分解所引起。674℃ 处尖锐的吸热峰是由晶态 V_2O_5 的液化引起。此外,MWCNTs 在 MWCNT - V_2O_5 复合物中的百分比(～10％)也可以通过 TG 的测试结果来确定。

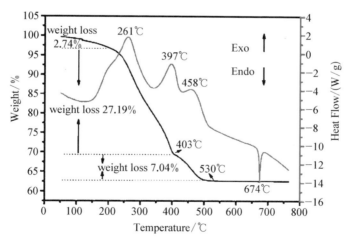

图 7 - 10　MWCNT - C_{16} - VO_x 三相复合物在空气气氛下的
TG - DSC 曲线

7.3.4　样品的红外光谱分析

红外光谱(FTIR)测试用来检测烧结过程中样品组分的改变。图

7-11给出了样品 MWCNT - C$_{16}$ - VO$_x$，MWCNT - V$_2$O$_5$ 和 V$_2$O$_5$ 纳米小颗粒的 FTIR 图。对于所有样品，出现在 1 620 cm^{-1} 和 3 438 cm^{-1} 处的吸收峰可分别归为吸附水及结合水中 H—O—H 键的弯曲振动模式和 H—O 键的伸缩振动模式[33]。可以看出，对于 MWCNT - V$_2$O$_5$ 和 V$_2$O$_5$ 纳米小颗粒，这两个峰的峰强相对较弱，表明了烧结过程对样品中多余水分子的有效去除。此外，在 1 000 cm^{-1} 附近的特征吸收峰(1 006 cm^{-1} 和 1 016 cm^{-1})，分布在 700~900 cm^{-1} 范围内的特征峰(756 cm^{-1}，817 cm^{-1} 和 831 cm^{-1}) 和低于 700 cm^{-1} 的峰分别对应着氧化钒中端基氧(V ═O)的伸缩振动、双配位桥氧的振动和三配位链氧的对称及非对称伸缩振动[34]。烧结后，这些 900 cm^{-1} 以下配位氧键的特征吸收峰发生了一些偏移，主要是与配位几何上的微观应力改变和晶格扭曲有关[35]。对于 MWCNT - C$_{16}$ - VO$_x$ 复合物，位于 1 458 cm^{-1}，2 850 cm^{-1} 和 2 929 cm^{-1} 的吸收峰可归为十六胺中介剂中 C—H 键的各种弯曲和伸缩振动模式[36]。如图 7 - 11 所示，经空气中 400℃或550℃烧结后，这些有机物的特征峰消失了，证明十六胺中介剂通过

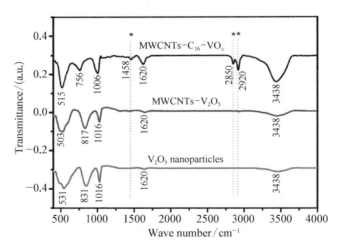

图 7 - 11　MWCNT - C$_{16}$ - VO$_x$、MWCNT - V$_2$O$_5$ 和
V$_2$O$_5$ 纳米小颗粒的红外光谱图

空气中 400℃以上的烧结将被彻底去除。值得一提的是,样品 MWCNT - C_{16} - VO_x 中端基氧键(V══O)的特征吸收峰从烧结前的 1 006 cm^{-1} 移动到了烧结后的 1 016 cm^{-1},这是由于 VO_x 层中的 V^{4+} 转化成了 V_2O_5 中的 V^{5+}。因为 V^{5+}══O 键比 V^{4+}══O 键的键长更短,所以导致了波谱频率的增高[37]。

7.4　一体化的碳纳米管复合五氧化二钒阴极材料的电化学性能

7.4.1　电极制备及电化学测试方法

　　阴极极片的制备如下:把活性物质(MWCNT - C_{16} - VO_x、MWCNT - V_2O_5 或 V_2O_5 nanoparticle),导电炭黑和聚偏氟乙烯粘结剂(PVDF)按 7：2：1 的质量比混合后分散在 N 甲基吡咯烷酮有机溶剂中,形成浆料状的黏性物质,经过 3 小时充分搅拌后,均匀地涂抹在铝箔上。涂覆后的极片在真空条件下 120℃干燥 8 小时,然后裁成直径 12 mm 的圆形阴极极片。

　　电解液为 1 mol/L 的 LiPF$_6$溶解在体积比为 1/1 的碳酸乙烯酯/碳酸二甲酯有机混合溶剂中,型号为 Celgard 2500 的多孔膜作为电池隔膜,锂片作为对极(阳极)及参比电极。通过组装成纽扣电池对样品材料作为阴极时的电化学性能进行测试。纽扣电池的组装在充满氩气的手套箱中进行,手套箱中的水分量和氧气含量均低于 1 ppm。

　　恒流充放电在蓝电电池测试系统(LAND)上以不同的电流密度进行,工作的电压范围为 1.5～4 V 或 1.8～3.8 V 。循环伏安(CV)测试采用 CHI660C(Chenghua,Shanghai)电化学工作站,扫描速率为 1 mV/s,扫描电压范围为 1.5～4 V。电化学交流阻抗谱(EIS)测试在 3 V 的充电态(SOC)下进行,交流信号幅度为 5 mV,频率范围为 100 kHz～0.01 Hz(在 EIS 测试前,为了适当地对电极材料进行活化,所有的纽扣电池均在相应的电压范围内进行 3 次循环充放电），Nyquist 图通过 Zview 软件进行分析和拟合。所有的电化学测试均在室温（～25℃）条件下进行。

7.4.2　样品的电化学性能

我们对所制备出的样品作为锂离子电池阴极材料时的电化学性能进行了系统地测试。$MWCNT - C_{16} - VO_x$，$MWCNT - V_2O_5$ 和 V_2O_5 纳米小颗粒在 1.5～4 V 电压范围内 50 mA/g 电流密度情况下的前 3 次充放电曲线分别如图 7-12(a)，(b) 和 (c) 所示。所有这些样品作为电池阴极材料时均有 3 V 以上的开路电压。开始的时候，这些材料被充电至 4 V，然后进行第 1 次放电过程，所以省略掉了不完整的首次充电曲线。

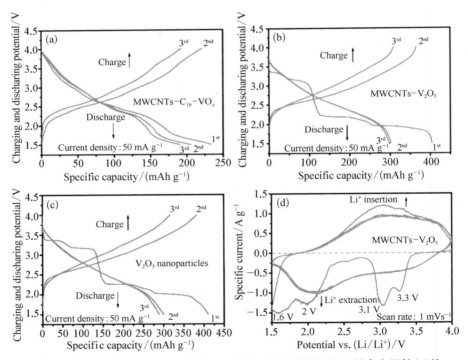

图 7-12　$MWCNT - C_{16} - VO_x$(a)、$MWCNT - V_2O_5$(b) 和 V_2O_5 纳米小颗粒(c) 的前 3 次充放电曲线（电压区间 1.5～4 V）；$MWCNT - V_2O_5$ 的前 3 次循环伏安曲线(d)（扫描速率为 1 mV/s）

对于前 3 次放电过程,MWCNT - C$_{16}$ - VO$_x$ 依次显示出了 234 mAh/g,206 mAh/g 和 191 mAh/g 的比容量,MWCNT - V$_2$O$_5$ 显示出了 405 mAh/g,303 mAh/g 和 298 mAh/g 的比容量,V$_2$O$_5$ 纳米小颗粒显示出了 411 mAh/g,301 mAh/g 和 291 mAh/g 的比容量。可以发现,MWCNT - C$_{16}$ - VO$_x$ 在循环过程中表现出了不断的容量衰减,而对于 MWCNT - V$_2$O$_5$ 和 V$_2$O$_5$ 纳米小颗粒,大约 100 mAh/g 的急速容量损失发生在了首次循环后。这是由于在深度放电情况下,不可逆锂离子的注入所引起的(也就是说,一些锂离子永久性地嵌入到 V$_2$O$_5$ 基体材料中不再脱出)[38]。如果我们想利用 V$_2$O$_5$ 的高容量特性,深度放电是必须的。与 MWCNT - V$_2$O$_5$ 相比,V$_2$O$_5$ 纳米小颗粒更高的首次放电容量也许是由于它更大的活性表面积。如图 7 - 12(b)和(c)所示,对于 MWCNT - V$_2$O$_5$ 和 V$_2$O$_5$ 纳米小颗粒,它们的首次放电曲线显示出了 4 个平台,分别位于 3.3 V,3.1 V,2.2 V 和 2 V,对应着 Li$^+$注入过程中 α 相 Li$_x$V$_2$O$_5$(x<0.01)到 ε 相 Li$_x$V$_2$O$_5$（0.35<x<0.7）,ε 相 Li$_x$V$_2$O$_5$ 到 δ 相 Li$_x$V$_2$O$_5$（x<1）,δ 相 Li$_x$V$_2$O$_5$ 到 γ 相 Li$_x$V$_2$O$_5$（x>1）以及 γ 相 Li$_x$V$_2$O$_5$ 到 ω 相 Li$_x$V$_2$O$_5$（x>2）的转变[39,40]。首次放电后,所有这些平台都彻底消失了。图 7 - 12(d)显示了 MWCNT - V$_2$O$_5$ 前 3 次的循环伏安(CV)曲线,其中,四个向下的还原峰分别出现在 3.3 V,3.1 V,2 V 和 1.6 V,对应着它首次放电曲线上的平台。由于在接近截止电压的情况下,电极材料产生极化且锂离子扩散减慢,这导致了 CV 曲线中的还原峰位朝低压区发生了移动。接下来的 CV 曲线表现较稳定,并且不再有明显的还原峰出现。

三个样品的电化学性能通过恒流充放电测试来评估,电压区间是 1.5～4 V,对于 MWCNT - C$_{16}$ - VO$_x$ 电流密度为 50 mA/g,对于 MWCNT - V$_2$O$_5$ 和 V$_2$O$_5$ 纳米小颗粒电流密度为 100 mA/g。测试结果如图 7 - 13（a）所示,MWCNT - C$_{16}$ - VO$_x$ 的比容量衰减很快,从首次 234 mAh/g 的放电比容量衰减到 50 次循环后的 31 mAh/g,这是由于有机十六胺在电化学反

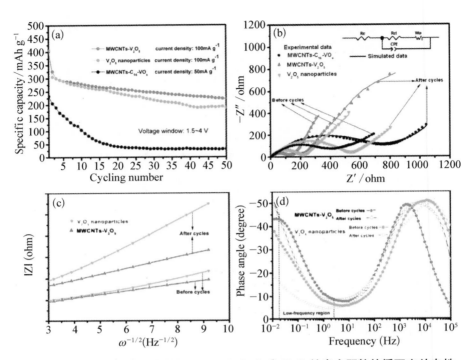

图 7-13 MWCNT-C$_{16}$-VO$_x$、MWCNT-V$_2$O$_5$ 和 V$_2$O$_5$ 纳米小颗粒的循环充放电性能(a)(电压区间为 1.5~4 V);三个样品在 3 V 充电态下 50 次循环前后的 Nyquist 图(b);MWCNT-V$_2$O$_5$ 和 V$_2$O$_5$ 纳米小颗粒在低频区 50 次循环前后的 |Z|-ω$^{-1/2}$ 线性关系图(c);MWCNT-V$_2$O$_5$ 和 V$_2$O$_5$ 纳米小颗粒 50 次循环前后的波特图(d)

应过程中分解。MWCNT-V$_2$O$_5$ 表现出了首次 402 mAh/g 的放电比容量,50 次循环后的比容量保持在 222 mAh/g。对 V$_2$O$_5$ 纳米小颗粒来说,循环前后的相应比容量分别为 406 mAh/g 和 189 mAh/g。可以看出,MWCNT-V$_2$O$_5$ 比起 V$_2$O$_5$ 纳米小颗粒表现出更高的比容量(除了第 1 次循环)及更好的循环稳定性,这要归功于它多孔的形貌和独特的 MWCNTs 网络。因为一体化的 MWCNTs 网络既作为一种良好的导电基体(提高体系的导电性),同时又作为一种有效的缓冲剂(缓解 Li$^+$ 注入/退出时的结构应力),所以导致了更佳的循环稳定性。

我们在 3 V 充电态下通过电化学交流阻抗谱(EIS)测试研究了三种样

品在 50 次循环前后的电荷转移及 Li^+ 扩散情况。图 7 - 13(b)显示的 Nyquist 图是由高频区一个凸起的半圆和低频区的一条斜线组成,它们分别与电极界面的电荷转移和锂离子在阴极材料中的扩散有关[41]。一般来说,高频区半圆的直径越小,意味着电荷转移电阻越小[42]。我们基于图7 - 13(b)中所建立的等效电路(插图所示)来拟合 Nyquist 图。在等效电路图中,R_{ct}表示电荷转移电阻,它是我们研究的重点。R_e,CPE 和 W_o 分别表示电解液阻抗,恒相位角元件和 Warburg 阻抗。三样品拟合得到的 R_{ct} 值列于表 7 - 1 中。可看出,在 50 次循环前后,MWCNT - V_2O_5 具有更小的 R_{ct} 值,且此数值在循环中增加的量也最少。由于 MWCNT - C_{16} - VO_x 非常差的性能,我们在接下来的部分中将不再讨论它的电化学性质。如果我们在低频区使用阻抗模($|Z|$)作为根号下角频率倒数($\omega^{-1/2}$)的函数,将能够获得它们二者的一个很好的线性关系图($|Z| - \omega^{-1/2}$),如图 7 - 13(c)所示。图中斜线段的斜率代表了 Warburg 阻抗系数(A_w)。正如我们知道的,A_w 平方值的倒数正比于锂离子扩散系数($D_{Li} \propto 1/A_w^2$)[43,44]。因此,我们可以用计算出来的 A_w 值间接估计锂离子在相应电极材料中的扩散情况。从表 7 - 1 可看出,与 V_2O_5 纳米小颗粒相比,MWCNT - V_2O_5 的 A_w 值更低,且在循环前后表现出更少的增加量。此外,样品的波特(Bode)图如图7 - 13(d)所示,它作为另外一种定性的方法,被用来估量 Li^+ 在两种电极材料中的扩散情况。根据先前的一些报道[45,46],锂离子的扩散与低频区(通常低于 1 Hz)的相位角有关,相位角越小,锂离子扩散地越快。从波特图中的低频区可以看出,不管是在循环前还是循环后,MWCNT - V_2O_5 的相角都要比 V_2O_5 纳米小颗粒的相角小。以上的 EIS 测试表明,MWCNT - V_2O_5 比起 V_2O_5 纳米小颗粒具有更小的电荷转移电阻及更快的 Li^+ 扩散速度。

在水热条件下没有加入十六胺的情况下,我们制备出了多壁碳纳米管/氧化钒纳米棒混合物,并评估了它在空气中 $400℃$ 烧结后的电化学性能。结果表明,在同样的测试条件下,比起 MWCNT - V_2O_5 一体化复合物,这一混合物表现出了较低的比容量和较差的循环性能(首次放点比容量为 381 mAh/g，50 次循环后为 186 mAh/g)，如图 7 - 14 所示。这再次表明了 MWCNT - V_2O_5 复合物独特的一体化结构有利于实现其优越的电化学性能。

表 7 - 1 三样品在 3 V 充电态下 50 次循环前后拟合得到的电荷转移电阻(R_{ct})及计算所得的 Warburg 阻抗系数(A_w)

Samples	R_{ct} (ohm)	A_w($\Omega \cdot$ cm$^2 \cdot$ s$^{-1/2}$)	R_{ct} (ohm)	A_w($\Omega \cdot$ m$^2 \cdot$ s$^{-1/2}$)
	Before cycles		After cycles	
MWCNTs - C_{16} - VO_x	331.8	∼	676.4	∼
MWCNTs - V_2O_5	109.9	32.8	189.3	52.7
V_2O_5 - nanoparticles	212.2	43.9	468.9	116.2

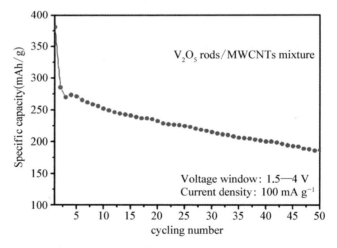

图 7 - 14 MWCNT 与氧化钒纳米棒混合物在空气中 400℃ 烧结后形成的 MWCNT/V_2O_5 纳米棒混合物的循环性能

首次循环后，我们在 1.5～4 V 电压范围内，以不同的电流密度评价了 MWCNT - V_2O_5 和 V_2O_5 纳米小颗粒的倍率性能，如图 7 - 15 所示。在 200 mA/g, 400 mA/g, 600 mA/g 和 800 mA/g 的电流密度下，MWCNT - V_2O_5 在其最后一次放电过程中分别表现出 282 mAh/g, 233 mAh/g,

207 mAh/g 和 194 mAh/g 的比容量。在同样的情况下，V_2O_5 纳米小颗粒相应地显示出 241 mAh/g，187 mAh/g，156 mAh/g 和 137 mAh/g 的放电比容量。这说明 MWCNT - V_2O_5 具有更好的倍率性能。

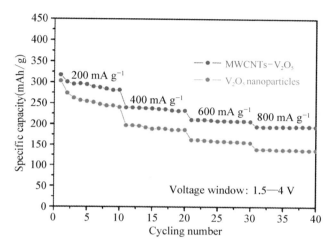

图 7 - 15　**MWCNT - V_2O_5 和 V_2O_5 纳米小颗粒在不同电流密度下的倍率性能(电压区间 1.5~4 V)**

为了研究 MWCNT - V_2O_5 和 V_2O_5 纳米小颗粒在更窄电压范围内的电化学性能，我们在 1.8~3.8 V 区间对其进行了测试。如图 7 - 16（a）和（b）所示，在 50 mA/g 的电流密度下，MWCNT - V_2O_5 的前 3 次放电比容量分别为 388 mAh/g，284 mAh/g 和 267 mAh/g，而 V_2O_5 纳米小颗粒的前 3 次放电比容量依次为 375 mAh/g，275 mAh/g 和 265 mAh/g。两样品在首次放电过程中依然存在着很大的不可逆容量，但之后都相对稳定。当首次放电后，在 1.8~3.8 V 区间以 100 mA/g 的电流密度进行循环测试时，MWCNT - V_2O_5（开始时 282 mAh/g，50 次后为 199 mAh/g）也表现出比 V_2O_5 纳米小颗粒（开始时为 274 mAh/g，50 次后为 159 mAh/g）更高的容量和更佳的循环稳定性，如图 7 - 16（c）所示。两样品的 Nyquist 图由图中简化的等效电路进行拟合，如图 7 - 16（d）所示。MWCNT - V_2O_5 的电荷转移电阻(R_{ct})值从循环前的 105.6 Ω 增大到循环后的 160.5 Ω，而 V_2O_5 纳米小颗粒循环前后的 R_{ct} 值分别为 176.9 Ω 和 418.8 Ω。这说明在反复循环过程中，均匀的 MWCNTs 网络能维持体系良好的导电性，有利于电荷的快速转移。两样品在首次放电后于 1.8～3.8 V 间的倍率性能比较如图 7-17 所示。MWCNT-V_2O_5（在 200 mA/g，400 mA/g，600 mA/g 和 800 mA/g 的电流密度下，最后一次放电比容量分别为 250 mAh/g，221 mAh/g，193 mAh/g 和 171 mAh/g）依然表现出比 V_2O_5 纳米小颗粒（在同样的电流密度下，最后一次放电比容量分别为 225 mAh/g，186 mAh/g，149 mAh/g 和 122 mAh/g）更佳的倍率性能。

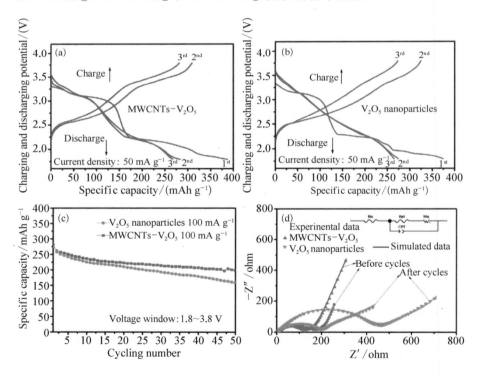

图 7-16　MWCNT-V_2O_5(a)和 V_2O_5 纳米小颗粒(b)的前 3 次充放电曲线以及它们首次放电后在 100 mA/g 电流密度下的循环性能(c)（电压区间为 1.8～3.8 V）；两样品 50 次循环前后在 3 V 充电态下的 Nyquist 图(d)

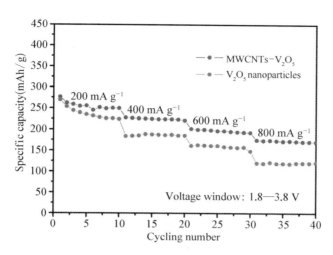

图 7 - 17　MWCNT - V_2O_5 和 V_2O_5 纳米小颗粒在不同电流
密度下的倍率性能(电压区间 1.8~3.8 V)

　　以上电化学测试表明,具有纳米结构的 MWCNT - V_2O_5 一体化复合
物作为锂离子电池阴极材料时,表现出优越的比容量、良好的循环稳定性
和高的倍率性能。所有这些优点都可以归功于它独特的一体化多孔结构。
其中,MWCNTs 不仅作为均匀分散的导电网络,而且作为一种有效的缓冲
结构,减轻了循环过程中产生的应力对电极结构的破坏,从而改善了循环
性。另外,这种一体化材料固有的多孔形貌能提供极大的比表面积,有利
于锂离子的快速扩散及电荷的转移。

7.5　本 章 小 结

　　在本章中,我们通过水热法结合后烧结处理,采用十六胺作为中介剂
($C_{16}H_{33}NH_2$),多壁碳纳米管(MWCNTs)作为导电网络,成功制备出了一
种一体化多孔结构的碳纳米管复合五氧化二钒(MWCNT - V_2O_5)阴极材

料。在水热条件下,质子化的十六胺($C_{16}H_{33}NH_3^+$)可作为一种中介剂,它将带负电性的氧化钒层与混酸处理过的 MWCNTs 通过弱的静电相互作用连接在一起,形成了一种三相混合结构(MWCNT - C_{16} - VO_x)。当在空气气氛下以 400℃烧结 MWCNT - C_{16} - VO_x,将生成一种一体化多孔结构的碳纳米管复合五氧化二钒材料(MWCNT - V_2O_5)。当在空气中以更高的温度(550℃)进一步烧结时,MWCNT - V_2O_5 中的多壁碳纳米管将氧化分解,产生五氧化二钒纳米小颗粒(V_2O_5 nanoparticle)。系统的电化学测试表明:这种一体化的 MWCNT - V_2O_5 在作为锂离子电池阴极材料时,将表现出更优越的电化学性能,如高的比容量、良好的循环性能和倍率性能(在 1.5~4 V 的电压范围内,以 100 mA/g 的电流密度进行充放电时,它具有 402 mAh/g 的首次放电比容量,经 50 次循环后,比容量保持在 222 mAh/g;当电流密度增加到 800 mA/g 时,其比容量为 194 mAh/g)。这是因为 MWCNT - V_2O_5 拥有独特的一体化多孔纳米结构,可以提供更大的比表面积和良好的导电网络,有利于锂离子的快速扩散及电子的传输。此外,均匀分散的 MWCNT 导电网络也能够作为一种有效的缓冲剂,它可以消散充放电过程中产生的结构应力,防止电极材料的结构降级。这种碳纳米管复合五氧化二钒(MWCNT - V_2O_5)一体化材料可用作新型高性能锂离子电池的阴极材料。

第8章

总结与展望

8.1 结 语

　　本书中,我们以 V_2O_5 晶态粉末、H_2O_2、多壁碳纳米管(MWCNTs)及炭黑等为原料,有机长链胺为模版(十二胺和十六胺),通过溶胶凝胶法、水热法、阳离子替换技术及高温烧结处理,合成了一系列具有纳米结构的氧化钒基锂离子电池阴极材料。如碳纳米管诱导及复合的氧化钒纳米片、炭黑诱导复合的氧化钒纳米带及其后烧结产物、导电聚合物复合的氧化钒纳米管、铁离子替换的氧化钒纳米管、分级结构的五氧化二钒纳米穗和一体化纳米结构的碳纳米管复合五氧化二钒。在制备这些纳米氧化钒基阴极材料时,我们不仅有效地对氧化钒进行了纳米化,还在此基础上进行改性,使之与导电剂复合(主要是碳质材料和导电聚合物),有效地提高了纳米氧化钒基阴极材料的电化学性能。最终合成的一系列纳米氧化钒基阴极材料都表现出较高的比容量、良好的循环性能及倍率性能。这一方面是由于纳米结构可以提供更大的活性比表面积,加强了与电解液的浸润性,从而增加了锂离子的活性注入位和传输速度;另一方面,作为复合物的碳质材料,不仅加强了电极材料整体的导电性,同时也充当一种有效的缓冲剂,能够在反复充放电的过程中很好地缓解锂离子嵌入/脱出时所产生的结构应力,从而提高了阴极材料的循环可逆性。所以说,要制备高性能的纳米氧化钒基阴极材料,得十分注意纳米结构的设计。必须考虑循环过程中纳米结构的稳定问题,同时,也要强调导电性的问题。

我们采用溶胶凝胶法获得氧化钒溶胶,以它为前驱体在水热环境下加入一定量的多壁碳纳米管,经反应后获得了碳纳米管诱导复合的氧化钒纳米片(MWCNT-VO_x nanosheet),其作为阴极材料时表现出唯一且稳定的充放电平台。

当以氧化钒溶胶为前驱体,水热下加入一定的酒精和炭黑分别作为还原剂和诱导剂,经数天水热反应后,获得了炭黑点缀的氧化钒纳米带(C-VO_x nanobelt),再经高温烧结处理后,我们得到了具有高价态的五氧化二钒纳米带(V_2O_5 nanobelt)。

在水热条件下,以氧化钒溶胶为前驱体,有机十二胺为模版,通过5天反应制得了多壁管状结构的氧化钒纳米管(VO_x NTs),但由于有机模版的残留和分解,使得其电化学性能不理想。可采用导电聚合物(聚吡咯、聚苯胺)与之复合,形成电化学性能改善的复合氧化钒纳米管(PPy-VO_x NTs、PAn-VO_x NTs)。

在氧化钒纳米管的基础上,我们采用了阳离子替换法,有效地去除了纳米管管壁间的有机模版,并且很好地保存了其多壁管状结构,获得了钒价态较高的 Fe-VO_x NTs,它的电化学性能较原始的 VO_x NTs 有了很大的提高。

通过空气中控温烧结处理氧化钒纳米管(VO_x NTs),可以制得具有分级结构的五氧化二钒纳米穗(V_2O_5 nanospike),它的电化学性能优越,首次接近 V_2O_5 的理论容量,多次循环后还能保持近 200 mAh/g 的容量。

当以多壁碳纳米管为导电骨架,氧化钒溶胶为前驱体及水热条件下能发生质子化并显示正电性的有机十六胺($C_{16}H_{33}NH_3^+$)作为中介剂时,在静电相互作用下，质子化的 $C_{16}H_{33}NH_3^+$ 将能够连接水热下显弱负电性的氧化钒层和 MWCNTs，使得三者形成均匀的复合结构。在随后的烧结过程中，对电化学性能没有贡献的有机胺将被除去，最后获得了一体化纳米结构的碳纳米管复合五氧化二钒（MWCNT – V_2O_5）。该阴极材料表现出高的比容量、良好的循环性能及倍率性能。

研究发现，在氧化钒纳米化的基础上，如果再使之与导电网络进行一定程度的复合，那么所制备出的阴极材料将表现出更加优越的电化学性能，尤其是循环稳定性和倍率性能。这也是我们今后研究工作的重要方向。

8.2　进一步的工作展望

本书的工作中，我们合成了一维结构的氧化钒纳米管和纳米带，准二维结构的氧化钒纳米片，分级结构的氧化钒纳米穗以及一体化纳米结构的 MWCNT – V_2O_5 复合物。我们发现，对氧化钒材料进行纳米化是改善其电化学性能的有效途径。如果在氧化钒纳米化的基础上继续进行导电剂的复合，将能够明显地提高其循环稳定性和高倍率性能。为了获得高性能的氧化钒基阴极材料，今后的工作方向应该坚持纳米化以及复合两个方面。但在纳米结构设计上，应该着重加强可控性。在导电剂复合方面，应该继续探索更合理、更有效的方法。氧化钒纳米结构与导电剂的复合方式值得进一步研究。在材料制备时，纳米化和复合可以一步实现，也可以先纳米化，再进行导电剂的复合。

在以后的工作中，应研究纳米氧化钒材料的表面包覆，获得优化的包覆层厚度，包覆的材料可以是碳质材料、导电聚合物或导电金属氧化物。成功的包覆可以提高纳米氧化钒材料的稳定性，防止它在电化学过程中与电解液发生副反应。另外,应该研究以碳质材料(如石墨烯)作为支撑基体的纳米氧化钒阴极材料,该种材料除了具有良好的稳定性以外,很有可能表现出极佳的高倍率特性。

此外,为了全面地探究纳米氧化钒基阴极材料的性能,可设计出全电池结构,定性和半定量化地评估一下所制备出的阴极材料在锂离子电池中的容量特性,为今后的深入研究指明方向。

参考文献

第1章

［1］ 郭炳坤,李新海,杨松青.化学电源—电池原理及制造技术.长沙：中南大学出版社,2009.

［2］ Dell R M. Batteries fifty years of materials development[J]. Solid State Ionics,2000,134：139－158.

［3］ 毕道治.21世纪电池技术展望[J].电池工业,2002,7：205－210.

［4］ Murphy D W,Broodhead J,Steel B C. Materials for advanced batteries[M]. New York：Plenum Press,1980.

［5］ 锂离子电池未来市场分析,中国行业研究报告网讯,2007,3：3.

［6］ Ying Wang,Cao G Z. Developments in nanostructured cathode materials for high-performance lithium-ion batteries. Adv. Mater.,2008,20：2251－2269.

［7］ 吴宇平,万春荣,姜长印.锂离子二次电池[M].北京：化学工业出版社,2002.

［8］ 吴峰,杨汉西.绿色二次电池：新体系与研究方法[M].北京：科学出版社,2009.

［9］ 其鲁,等.电动汽车用锂离子二次电池.北京：科学出版社,2010.

［10］ Kim D-K,Park H-M,Jung S-J,et al. Effect of synthesis conditions on the properties of LiFePO$_4$ for secondary lithium batteries. J. Power Sources,2006,159：237－240.

[11] Aurbach D, Talyosef Y, Markovsky B, et al. Design of electrolyte solutions for Li and Li-ion batteries: a review[J]. Electrochim. Acta, 2004, 50: 247-253.

[12] Tarascon J-M, Armand M. Issues and challenges facing rechargeable lithium batteries[J]. Nature, 2001, 414: 359-367.

[13] Subba Reddy Ch V, Wei J, Quan-Yao Z, et al. Cathodic performance of (V_2O_5 + PEG) nanobelts for Li ion rechargeable battery[J]. J. Power Sources, 2007, 166: 244-249.

[14] 张明霞. 纳米复合 V_2O_5 气凝胶阴极材料的制备及电化学性能研究[D]. 上海: 同济大学, 2009.

[15] 孙娟萍. 新型钒氧化合物阴极材料的过氧化常压制备及性能研究[D]. 上海: 同济大学, 2009.

[16] Park N G, Ryu K S, Park Y J. Synthesis and electrochemical properties of V_2O_5 intercalated with binarypolymers[J]. J. Power Source, 2002, 103: 273-279.

[17] Choi S, Manthiram A. Factors influencing the layered to spinel-like phase transition in layered oxide cathodes[J]. Journal of the Electrochemical Society, 2002, 149: A1157-A1163.

[18] Reed J, Ceder G, Van Der Ven A. Layered-to-spinel phase transition in Li_xMnO_2[J]. Electrochemical and Solid-State Letters, 2001, 4: A78-A81.

[19] Tarascon J M, Guyomard D. The $Li_{1+x}Mn_2O_4$/C rocking-chair system: a review [J]. Electrochemica Acta, 1993, 38: 1221-1231.

[20] Manthiram A. Electrode materials for rechargeable lithium batteries[J]. Journal of Metals, 1997, 49: 43-46.

[21] Ohzuk U T, Ueda A. Solid-state redox reactions of $LiCoO_2$ (R $\bar{3}$m) for 4 volt secondary lithium cells[J]. J. Electrochem. Soc., 1994, 141: 2972-2977.

[22] Amatucci G G, Tarascon J M, Klein L C. CoO_2, the end number of the Li_xCoO_2 solid solution[J]. J. Electrochem. Soc., 1996, 143: 1114-1123.

[23] Ohzuk U T, Ueda A. Why transition metal oxides are the most attractive materials for batteries[J]. Solid State Ionics, 1994, 69: 201-211.

[24] Goodenough J B. Design considerations[J]. Solid State Ionics，1994，69：184 - 198.

[25] 刘汉三,杨勇,张忠如,等.锂离子电池正极材料锂镍氧化物研究新进展[J].电化学,2001,7：145 - 154.

[26] Broussely M, Biensan P, Simon B. Lithium insertion into host materials：the key to success for Li ion batteries[J]. Electrochimica Acta，1999，45：3 - 22.

[27] Nishida Y，Nakane K，Satoh T. Synthesis and properties of gallium-doped $LiNiO_2$ as the cathode material for lithium secondary batteries[J]. J. Power Sources，1997，68：561 - 564.

[28] 张娜,唐致远,黄庆华,等. $LiNiO_2$ 正极材料的合成及改性[J].化学通报,2005，68：1 - 5.

[29] Yang X Q，Sun X，McBreen J. Structural changes and thermal stability：in situ X-ray diffraction studies of a new cathode material $LiMg_{0.125}Ti_{0.125}Ni_{0.75}O_2$ [J]. Electrochemistry Communications，2000，2：733 - 737.

[30] Horn Y S，Hackney S A，Armstrong A R，et al. Structural characterization of layered $LiMnO_2$ electrodes by electron diffraction and lattice imaging[J]. J. Electrochem. Soc. ，1999,146：2404 - 2412.

[31] Armstrong A R，Bruce P G. Synthesis of layered $LiMnO_2$ as electrode for rechargeable lithium batteries[J]. Nature，1996，381：499 - 500.

[32] 梁英,饶睦敏,蔡宗平,等.锂离子电池正极材料 $LiMn_2O_4$ 改性研究进展[J].电池工业,2009,14：69 - 72.

[33] Guyomard D，Tarascon J M. The Carbon/$Li_{1+x}Mn_2O_4$ system[J]. Solid State Ionics，1994，69：222 - 237.

[34] Thackeray M M. Manganese oxides for lithium batteries[J]. Progress in Solid State Chemistry，1997，25：1 - 71.

[35] Padhi A K，Nanjundaswamy K S，Goodenough J B. Phospho-olivines as positive-electrode materials for rechargeable lithium batteries[J]. J. Electrochem. Soc. ，1997,144：1188 - 1194.

[36] Padhi A K, Nanjundaswamy K S, Masquelier C, et al. Effect of structure on the Fe^{3+}/Fe^{2+} redox couple in iron phosphates[J]. J. Electrochem. Soc. , 1997, 144: 1609 – 1613.

[37] 王爱荣. V_2O_5 复合阴极材料的性能研究[D]. 上海: 同济大学, 2008.

[38] Shiraknwa H, Louis E L, MacDiarmid A G, et al. Synthesis of Electrically Conducting Organic polymers: Halogen derivatives of polyacetyIene, $(CH)_x$[J]. J. C. S. Chem. Commun. , 1977: 578 – 580.

[39] Chiang C K, Fincher Jr C R, Park Y W, et al. Electrical conductivity in dopted Polyacetylene[J]. Phys. Rev. Lett. , 1977, 39: 1098 – 1101.

[40] Abello L, Husson E, Repelin Y, et al. Vibrational spectra and valence force field of crystalline V_2O_5[J]. Spectrochim. Acta, 1983, 39A: 641 – 651.

[41] 吴广明. 五氧化二钒电致变色薄膜研究[D]. 上海: 同济大学, 1997.

[42] 麦立强. 低维钒氧化物纳米材料制备、结构与性能研究[D]. 武汉: 武汉理工大学, 2004.

[43] 丁燕怀, 张平, 高德淑. 测定 Li^+ 扩散系数的几种电化学方法[J]. 电源技术, 2007, 31: 741 – 756.

[44] 王常珍. 固体电解质和化学传感器[M]. 北京: 冶金工业出版社, 2000.

[45] 刘永辉. 电化学测试技术[M]. 北京: 北京航空学院出版社, 1987.

[46] Zaban A, Zinigrad E, Aurbach D. Impedance Spectroscopy of Li Electrodes Part 4: A General Simple Model of the Li-Solution Interface in Polar Aprotic Systems [J]. J. Phys. Chem. , 1996, 100: 3089 – 3101.

[47] Choi Y-M, Pyun S-I, Moon S-I. A study of the electrochemical lithium intercalation behavior of porous $LiNiO_2$ electrodes prepared by solid-state reaction and sol-gel methods[J]. J. Power Sources, 1998, 72: 83 – 90.

[48] Aurbach D, Levi M D, Gamulski K. Capacity fading of $Li_xMn_2O_4$ spinel electrodes studied by XRD and electroanalytical techniques [J]. J. Power Sources, 1999, 81 – 82: 472 – 479.

[49] Aurbach D, Levi M D, Levi E, et al. Common electroanalytical behavior of Li

interaction processes into graphite and transition metal oxides[J]. J. Electrochem. Soc. , 1998, 145: 3024 - 3034.

[50] Levi M D, Aurbach D. Simultaneous measurements and modeling of the electrochemical impedance and the cyclic voltammetric characteristics of graphite electrodes doped with lithium[J]. J. Phys. Chem. B. , 1997, 101: 4630 - 4640.

[51] Boukamp B A. A Nonlinear Least Squares Fit procedure for analysis of immittance data of electrochemical systems[J]. Solid State Ionic, 1986, 20: 31 - 44.

[52] Dokko K, Mohamedi M, Fujita Y, et al. Kinetic Characterization of Single Particles of by AC Impedance and Potential Step Methods[J]. J. Electrochem. Soc. , 2001, 148: A422 - A426.

[53] Bisquert J, Compte A. Theory of the electrochemical impedance of anomalous diffusion[J]. J. Electroanal. Chem. , 2001, 499: 112 - 120.

[54] Pyun S I, Lee M H, Shin H C. The kinetics of lithium transport through vanadium pentoxide composite and film electrodes by current transient analysis [J]. J. Power Source, 2001, 97 - 98: 473 - 477.

[55] 施利毅. 纳米材料[M]. 上海: 华东理工大学出版社, 2007.

[56] Byoungwoo K, Gerbrand C. Battery materials for ultrafast charging and discharging[J]. Nature, 2009, 458: 190 - 193.

[57] Armand M, Tarascon J-M. Building better batteries[J]. Nature, 2008, 451: 652 - 657.

[58] Liu D, Garcia B B, Zhang Q, et al. Mesoporous Hydrous Manganese Dioxide Nanowall Arrays with Large Lithium Ion Energy Storage Capacities[J]. Adv. Funct. Mater. , 2009, 19: 1015 - 1023.

[59] Arico A S, Bruce P, Scrosati B, et al. Nanostructured materials for advanced energy conversion and storage devices[J]. Nature Mater. , 2005, 4: 366 - 377.

[60] Okubo M, Hosono E, Kim J, et al. Nanosize Effect on High-Rate Li-Ion Intercalation in $LiCoO_2$ Electrode [J]. J. Am. Chem. Soc. , 2007, 129:

7444 - 7452.

[61] Chou S-L, Wang J-Z, Sun J-Z, et al. High Capacity, Safety, and Enhanced Cyclability of Lithium Metal Battery Using a V_2O_5 Nanomaterial Cathode and Room Temperature Ionic Liquid Electrolyte[J]. Chem. Mater., 2008, 20: 7044 - 7051.

[62] Liqiang Mai, Lin Xu, Chunhua Han, et al. Electrospun Ultralong Hierarchical Vanadium Oxide Nanowires with High Performance for Lithium Ion Batteries [J]. Nano Lett., 2010, 10: 4750 - 4755.

[63] Hu Y-S, Liu X, Muller J-O, et al. Synthesis and Electrode Performance of Nanostructured V_2O_5 by Using a Carbon Tube-in-Tube as a Nanoreactor and an Efficient Mixed-Conducting Network[J]. Angew. Chem. Int. Ed., 2009, 48: 210 - 214.

[64] Wei Y, Ryu C-W, Kim K-B. Cu-doped V_2O_5 as a high-energy density cathode material for rechargeable lithium batteries[J]. J. Alloys Compds., 2008, 459: L13 - L17.

[65] Wang Y, Cao G. Developments in nanostructured cathode materials for high-performance lithium-ion batteries[J]. Adv. Mater., 2008, 20: 2251 - 2269.

[66] Wang Y, Takahashi K, Lee K, et al. Nanostructured vanadium oxide electrodes for enhanced lithium-ion intercalation[J]. Adv. Funct. Mater., 2006, 16: 1133 - 1144.

[67] Wang Y, Takahashi K, Shang H, et al. Synthesis and Electrochemical Properties of Vanadium Pentoxide Nanotube Arrays[J]. J. Phys. Chem. B, 2005, 109: 3085 - 3092.

[68] Velazquez J M, Banerjee S. Catalytic Growth of Single-Crystalline V_2O_5 Nanowire Arrays[J]. Small, 2009, 5: 1025 - 1029.

[69] Chan C K, Peng H, Twesten R D, et al. Fast, completely reversible Li insertion in vanadium pentoxide nanoribbons[J]. Nano Lett., 2007, 7: 490 - 495.

[70] Ban C M, Chernova N A, Stanley Whittingham M. Electrospun nano-vanadium

pentoxide cathode[J]. Electrochem. Commun. , 2009, 11: 522 - 525.

[71] Liu D, Nakashima K. Synthesis of Hollow Metal Oxide Nanospheres by Templating Polymeric Micelles with Core-Shell-Corona Architecture[J]. Inorg. Chem. , 2009, 48: 3898 - 3900.

[72] Wang H G, Ma D L, Huang Y, et al. Electrospun V_2O_5 Nanostructures with Controllable Morphology as High-Performance Cathode Materials for Lithium-Ion Batteries[J]. Chem. Eur. J. , 2012, 18: 8987 - 8993.

[73] Lee J W, Lim S Y, Jeong H M, et al. Extremely stable cycling of ultra-thin V_2O_5 nanowire-graphene electrodes for lithium rechargeable battery cathodes[J]. Energy Environ. Sci. , 2012, 5: 9889 - 9894.

[74] Pan A Q, Wu H B, Zhang L, et al. Uniform V_2O_5 nanosheet-assembled hollow microflowers with excellent lithium storage properties[J]. Energy Environ. Sci. , 2013, 6: 1476 - 1479.

[75] Feng C Q, Wang S Y, Zeng R, et al. Synthesis of spherical porous vanadium pentoxide and its electrochemical properties[J]. J. Power Sources, 2008, 184: 485 - 488.

[76] Sasidharan M, Gunawardhana N, Yoshio M, et al. V_2O_5 Hollow Nanospheres: A Lithium Intercalation Host with Good Rate Capability and Capacity Retention [J]. J. Electrochem. Soc. , 2012, 159 (5): A618 - A621.

[77] Rui X H, Zhu J X, Liu W L, et al. Facile preparation of hydrated vanadium pentoxide nanobelts based bulky paper as flexible binder-free cathodes for high-performance lithium ion batteries[J]. RSC Adv. , 2011, 1: 117 - 122.

[78] Rui X H, Lu Z Y, Yu H, et al. Ultrathin V_2O_5 nanosheet cathodes: realizing ultrafast reversible lithium storage[J]. Nanoscale, 2013, 5: 556 - 560.

[79] Tang Y X, Rui X H, Zhang Y Y, et al. Vanadium pentoxide cathode materials for high-performance lithium-ion batteries enabled by a hierarchical nanoflower structure via an electrochemical process[J]. J. Mater. Chem. A, 2013, 1: 82 - 88.

[80] Yu H, Rui X H, Tan H T, et al. Cu doped V_2O_5 flowers as cathode material for high-performance lithium ion batteries[J]. Nanoscale, 2013, 5: 4937 - 4943.

[81] Zhang X F, Wang K X, Wei X, et al. Carbon-Coated V_2O_5 Nanocrystals as High Performance Cathode Material for Lithium Ion Batteries[J]. Chem. Mater., 2011, 23: 5290 - 5292.

[82] Rui X H, Zhu J X, Sim D H, et al. Reduced graphene oxide supported highly porous V_2O_5 spheres as a high-power cathode material for lithium ion batteries [J]. Nanoscale, 2011, 3: 4752 - 4758.

[83] Li X, Cheng F, Guo B, et al. Template-Synthesized $LiCoO_2$, $LiMn_2O_4$, and $LiNi_{0.8}Co_{0.2}O_2$ Nanotubes as the Cathode Materials of Lithium Ion Batteries[J]. J. Phys. Chem. B, 2005, 109: 14017 - 14024.

第 2 章

[1] Winter M, Besenhard J O, Spahr M E, Novak P. Insertion electrode materials for rechargeable lithium batteries[J]. Adv. Mater., 1998, 10: 725 - 763.

[2] Wu Z J, Zhao X B, Tu J, Cao G S, Tu J P, Zhu T J. Synthesis of $Li_{1+x}V_3O_8$ by citrate sol-gel route at low temperature[J]. J. Alloys Compd., 2005, 403: 345 - 348.

[3] Owens B B, Passerini S, Smyrl W H. Lithium ion insertion in porous metal oxides[J]. Electrochim. Acta., 1999, 45: 215 - 224.

[4] Grégoire G, Baffier N, Harari A K, et al. X-Ray powder diffraction study of a new vanadium oxide $Cr_{0.11}V_2O_{5.16}$ synthesized by a sol-gel process[J]. J. Mater. Chem., 1998, 8: 2103 - 2108.

[5] Dobley A, Ngalas K, Yang S, et al. Manganese Vanadium Oxide Nanotubes: Synthesis, Characterization, and Electrochemistry[J]. Chem. Mater., 2001, 13: 4382 - 4386.

[6] Chao-Jun Cui, Guang-Ming Wu, Hui-Yu Yang, et al. A new high-performance cathode material for rechargeable lithium-ion batteries: Polypyrrole/vanadium

oxide nanotubes. Electrochim[J]. Acta, 2010, 55: 8870 - 8875.

[7] Ng S H, Chew S Y. Synthesis and electrochemical properties of V_2O_5 nanostructures prepared via a precipitation process for lithium-ion battery cathodes[J]. J. Power Sources, 2007,174: 1032 - 1035.

[8] Ch. V. Subba Reddy, Sun-il Mho, Rajamohan R. Kalluru. Hydrothermal synthesis of hydrated vanadium oxide nanobelts using poly (ethylene oxide) as a template[J]. J. Power Sources, 2008,179: 854 - 857.

[9] Takahashi K, Limmer S J, Wang Y, Cao G Z. Synthesis and electrochemical properties of single-crystal V_2O_5 nanorod arrays by template-based electrodeposition[J]. J. Phys. Chem. B, 2004, 108: 9795 - 9800.

[10] Wang Y, Takahashi K, Shang H, et al. Synthesis and Electrochemical Properties of Vanadium Pentoxide Nanotube Arrays[J]. J. Phys. Chem. B, 2005, 109: 3085 - 3088.

[11] Patrissi C J, Martin C R. Sol-Gel-Based Template Synthesis and Li-Insertion Rate Performance of Nanostructured Vanadium Pentoxide[J]. J. Electrochem. Soc. , 1999, 146: 3176 - 3180.

[12] Cui C J, Wu G M, et al. Synthesis and electrochemical performance of lithium vanadium oxide nanotubes as cathodes for rechargeable lithium-ion batteries[J]. Electrochim. Acta. , 2010,55: 2536 - 2541.

[13] Limmer S J, Seraji S, Forbess M J, et al. Electrophoretic Growth of Lead Zirconate Titanate Nanorods[J]. Adv. Mater. , 2001, 13: 1269 - 1272.

[14] Cao G Z. Growth of Oxide Nanorod Arrays through Sol Electrophoretic Deposition[J]. J. Phys. Chem. B, 2004, 108: 19921 - 19931.

[15] Alonso B, Livage J. Synthesis of vanadium oxide gels from peroxovanadic acid solutions: A [51]V NMR study[J]. J. Solid State Chem. , 1999, 148: 16 - 19.

[16] Liu Y Q, Gao L. A study of the electrical properties of carbon nanotube-$NiFe_2O_4$ composites: Effect of the surface treatment of the carbon nanotubes[J]. Carbon, 2005, 43: 47 - 52.

[17] Bahr J L，Tour J M. Covalent chemistry of single-wall carbon nanotubes[J]. J. Mater. Chem. ，2002，12：1952 – 1958.

[18] Abdel Salam M，Burk R C. Thermodynamics of pentachlorophenol adsorption from aqueous solutions by oxidized multi-walled carbon nanotubes[J]. Appl. Surf. Sci. ，2008，255：1975 – 1981.

[19] Liu H，Wang Y，Wang K，Wang Y，Zhou H. Synthesis and electrochemical properties of single-crystalline LiV_3O_8 nanorods as cathode materials for rechargeable lithium batteries[J]. J. Power Sources，2009，192：668 – 673.

[20] Surca A，Orel B. IR spectroscopy of crystalline V_2O_5 films in different stages of lithiation[J]. Electrochim. Acta，1999，44：3051 – 3057.

[21] Mao L J，Liu C Y. A new route for synthesizing VO_2(B) nanoribbons and 1D vanadium-based nanostructures[J]. Mater. Res. Bull. ，2008，43：1384 – 1392.

[22] Sediri F，Gharbi N. Nanorod B phase VO_2 obtained by using benzylamine as a reducing agent[J]. Mater. Sci. Eng. B，2007，139：114 – 117.

[23] Liu Y J，Schindler J L，DeGroot D C，Kannewurf C R，Hirpo W，Kanatzidis M G. Synthesis，structure，and reactions of poly（ethylene oxide）/ V_2O_5 intercalative nanocomposites[J]. Chem. Mater. ，1996，8：525 – 534.

[24] Liu X Q，Huang C M，et al. The effect of thermal annealing and laser irradiation on the microstructure of vanadium oxide nanotubes[J]. Appl. Surf. Sci. ，2006，253：2747 – 2751.

[25] Li R，Liu C Y，et al. VO_2(B) nanospheres：Hydrothermal synthesis and electrochemical properties[J]. Mater. Res. Bull. ，2010，45：688 – 692.

[26] Julien C，Nazri G A，Bergstrom O. Raman Scattering Studies of Microcrystalline V_6O_{13}[J]. Phys. Stat. Sol. B，1997，201：319 – 326.

[27] Lee S H，Cheong H M，Seong M J，Liu P，Tracy C E，Mascarenhas A，Pitts J R，Deb S K. Raman spectroscopic studies of amorphous vanadium oxide thin films[J]. Solid State Ionics，2003，165：111 – 116.

[28] Abello A，Husson E，Repelin Y，Lucazeau G. Structural study of gels of V_2O_5：

Vibrational spectra of xerogels[J]. J. Solid State Chem., 1985, 56: 379 - 389.

[29] Chou J Y, Lensch-Falk J L, Hemesath E R, Lauhon L J. Vanadium oxide nanowire phase and orientation analyzed by Raman spectroscopy[J]. J. Appl. Phys., 2009, 105: 034310 - 034315.

[30] Filho A G S, Ferreira O P, Santos E J G, Filho J M, Alves O L. Raman Spectra in Vanadate Nanotubes Revisited[J]. Nano Lett., 2004, 4: 2099 - 2104.

[31] Srivastava R, Chase L L, et al. Raman Spectrum of Semiconducting and Metallic VO_2[J]. Phys. Rev. Lett., 1971, 27: 727 - 730.

[32] Yue H J, Huang X K, Yang Y. Preparation and electrochemical performance of manganese oxide/carbon nanotubes composite as a cathode for rechargeable lithium battery with high power density [J]. Mater. Lett., 2008, 62: 3388 - 3390.

[33] Ma S B, Ahn K Y, Lee E S, Oh K H, Kim K B. Synthesis and characterization of manganese dioxide spontaneously coated on carbon nanotubes[J]. Carbon, 2007, 45: 375 - 382.

[34] Chen Z, Gao S, Jiang L, Wei M, Wei K. Crystalline VO_2 (B) Nanorods with a Rectangular Cross Section[J]. Mater. Chem. Phys., 2010, 121: 254 - 258.

[35] Liu X H, Xie G Y, Huang C, Xu Q, Zhang Y, Luo Y. A facile method for preparing VO_2 nanobelts[J]. Mater. Lett., 2008, 62: 1878 - 1880.

[36] Okpalugo T I T, Papakonstantinou P, Murphy H, McLaughlim J, Brown N M D. High resolution XPS characterization of chemical functionalised MWCNTs and SWCNTs[J]. Carbon, 2005, 43: 153 - 161.

[37] Yang D X, Velamakanni A, Bozoklu G, Park S, Stoller M, Piner R D. Chemical analysis of graphene oxide films after heat and chemical treatments by X-ray photoelectron and Micro-Raman spectroscopy[J]. Carbon, 2009, 47: 145 - 152.

[38] Yue L, Li W S, Sun F Q, Zhao L Z, Xing L D. Highly hydroxylated carbon fibres as electrode materials of all-vanadium redox flow battery[J]. Carbon, 2010, 48: 3079 - 3090.

[39] Zhang L, Hashimoto Y, Taishi T, Ni Q Q. Mild hydrothermal treatment to prepare highly dispersed multi-walled carbon nanotubes[J]. Appl. Surf. Sci., 2011, 257: 1845 - 1849.

[40] Sediri F, Gharbi N. From crystalline V_2O_5 to nanostructured vanadium oxides using aromatic amines as templates[J]. J. Phys. Chem. Solids, 2007, 68: 1821 - 1829.

[41] Quites F J, Pastore H O. Hydrothermal synthesis of nanocrystalline VO_2 from poly(diallyldimethylammonium) chloride and V_2O_5 [J]. Mater. Res. Bull., 2010, 45: 892 - 896.

[42] Feng C Q, Huang L F, Guo Z P, Wang J Z, Liu H K. Synthesis and electrochemical properties of $LiY_{0.1}V_3O_8$[J]. J. Power Sources, 2007, 174: 548 - 551.

[43] He Y, Huang L, Cai J S, et al. Zheng X M, Sun S G. Structure and electrochemical performance of nanostructured Fe_3O_4/ carbon nanotube composites as anodes for lithium ion batteries[J]. Electrochim. Acta, 2010, 55: 1140 - 1144.

[44] Jiao L, Yuan H, Wang Y, Cao J, Wang Y. Mg intercalation properties into open-ended vanadium oxide nanotubes[J]. Electrochem. Commun., 2005, 7: 431 - 436.

[45] Groult H, Nakajima T, Kumagai N, Devilliers D. Characterization and electrochemical properties of $C_x(VOF_3)F$ as positive material for primary lithium batteries[J]. J. Power Sources, 1996, 62: 107 - 112.

[46] Liu Y, Zhou X, Guo Y, et al. Effects of fluorine doping on the electrochemical properties of LiV_3O_8 cathode material [J]. Electrochim. Acta, 2009, 54: 3184 - 3190.

[47] Chaojun Cui, Guangming Wu, Huiyu Yang, Shifeng She, Jun Shen, Bin Zhou, Zhihua Zhang. Synthesis, characterization and electrochemical impedance spectroscopy of VO_x - NTs/PPy composites[J]. Solid State Commun., 2010,

150：1807－1811.

[48] Pan D，Shuyuan Z，Chen Y Q，et al. Hydrothermal preparation of long nanowires of vanadium oxide[J]. J. Mater. Res. ，2002，17：1981－1984.

[49] Zhang X，Zhang J，Wang R，et al. Surfactant-directed polypyrrole/CNT nanocables：synthesis，characterization，and enhanced electrical properties[J]. ChemPhysChem. ，2004，5：998－1002.

[50] Levi M D，Lu Z，Aurbach D. Li-insertion into thin monolithic V_2O_5 films electrodes characterized by a variety of electroanalytical techniques[J]. J. Power Sources，2001，97－98：482－485.

[51] Navone C，Hadjean R B，Ramos J P，Salot R. A kinetic study of electrochemical lithium insertion into oriented V_2O_5 thin films prepared by rf sputtering[J]. Electrochim. Acta，2008，53：3329－3336.

[52] Yu J J，Yang J，Nie W B，et al. A porous vanadium pentoxide nanomaterial as cathode material for rechargeable lithium batteries[J]. Electrochim. Acta，2013，89：292－299.

第3章

[1] Winter M，Besenhard J O，Spahr M E，Novak P. Insertion electrode materials for rechargeable lithium batteries[J]. Adv. Mater. ，1998，10：725－763.

[2] Cao Q，Zhang H P，Wang G J，Xia Q，Wu Y P，Wu H Q. A novel carbon-coated $LiCoO_2$ as cathode material for lithium ion battery[J]. Electrochem. Commun. ，2007，9：1228－1232.

[3] Sun C W，Rajasekhara S，Goodenough J B，Zhou F. Monodisperse porous $LiFePO_4$ microspheres for a high power Li-ion battery cathode[J]. J. Am. Chem. Soc. ，2011，133：2132－2135.

[4] Ng S H，Chew S Y，Wang J，Wexler D，Tournayre Y，Konstantinov K，Liu H K. Synthesis and electrochemical properties of V_2O_5 nanostructures prepared via a precipitation process for lithium-ion battery cathodes[J]. J. Power Sources，

2007，174：1032 - 1035.

[5] Tsang C，Manthiram A. Synthesis of nanocrystalline VO_2 and its electrochemical behavior in lithium batteries[J]. J. Electrochem. Soc. , 1997，144：520 - 524.

[6] Mai L Q，Xu X，Xu L，Han C H，Luo Y Z. Vanadium oxide nanowires for Li-ion batteries[J]. J. Mater. Res. , 2011，26：2175 - 2185.

[7] Yamada H，Tagawa K，Komatsu M，Moriguchi I，Kudo T. High power battery electrodes using nanoporous V_2O_5/carbon composites[J]. J. Phys. Chem. C，2007，111：8397 - 8402.

[8] Ng S H，Patey T J，Buechel R，Krumeich F，Wang J Z，Liu H K，Pratsinis S E，Novak P. Flame spray-pyrolyzed vanadium oxide nanoparticles for lithium battery cathodes[J]. Phys. Chem. Chem. Phys. , 2009，11：3748 - 3755.

[9] Coustier F，Hill J，Owens B B，Passerini S，Smyrl W H. Doped vanadium oxides as host materials for lithium intercalation[J]. J. Electrochem. Soc. , 1999，146：1355 - 1360.

[10] Potiron E，La Salle A L，Verbaere A，Piffard Y，Guyomard D. Electrochemically synthesized vanadium oxides as lithium insertion hosts[J]. Electrochim. Acta，1999，45：197 - 214.

[11] Arico A S，Bruce P，Scrosati B，Tarascon J M，Van Schalkwijk W. Nanostructured materials for advanced energy conversion and storage devices[J]. Nat. Mater. , 2005，4：366 - 377.

[12] Wang Y，Takahashi K，Lee K，Cao G Z. Nanostructured vanadium oxide electrodes for enhanced lithium-ion intercalation[J]. Adv. Funct. Mater. , 2006，16：1133 - 1144.

[13] Wang Y，Zhang H J，Lim W X，Lin J Y，Wong C C. Designed strategy to fabricate a patterned V_2O_5 nanobelt array as a superior electrode for Li-ion batteries[J]. J. Mater. Chem. , 2011，21：2362 - 2368.

[14] Tang Y X，Rui X H，Zhang Y Y，Yan Q Y，Chen Z. Vanadium pentoxide cathode materials for high-performance lithium-ion batteries enabled by a

hierarchical nanoflower structure via an electrochemical process[J]. J. Mater. Chem. A, 2013, 1: 82 - 88.

[15] Wang S Q, Li S R, Sun Y, Feng X R, Chen C H. Three-dimensional porous V_2O_5 cathode with ultra high rate capability[J]. Energy Environ. Sci. , 2011, 4: 2854 - 2857.

[16] Chou S L, Wang J Z, Sun J Z, Wexler D, Forsyth M, Liu H K, Mac Farlane D R, Dou S X. High capacity, safety, and enhanced cyclability of lithium metal battery using a V_2O_5 nanomaterial cathode and room temperature ionic liquid electrolyte[J]. Chem. Mater. , 2008, 20: 7044 - 7051.

[17] Wu M C, Lee C S. Field emission of vertically aligned V_2O_5 nanowires on an ITO surface prepared with gaseous transport[J]. J. Solid State Chem. , 2009, 182: 2285 - 2289.

[18] Takahashi K, Limmer S J, Wang Y, Cao G Z. Synthesis and electrochemical proper-ties of single-crystal V_2O_5 nanorod arrays by template-based electro-deposition[J]. J. Phys. Chem. B, 2004, 108: 9795 - 9800.

[19] Zhang X F, Wang K X, Wei X, Chen J S. Carbon-coated V_2O_5 nanocrystals as high performance cathode material for lithium ion batteries[J]. Chem. Mater. , 2011, 23: 5290 - 5292.

[20] Zhai T Y, Liu H M, Li H Q, Fang X S, Liao M Y, Li L, Zhou H S, Koide Y, Bando Y, Goberg D. Centimeter-long V_2O_5 nanowires: from synthesis to field-emission, electrochemical, electrical transport, and photoconductive properties [J]. Adv. Mater. , 2010, 22: 2547 - 2552.

[21] Mai L Q, Xu L, Han C H, Xu X, Luo Y Z, Zhao S Y, Zhao Y L. Electrospun ultralong hierarchical vanadium oxide nanowires with high performance for lithium ion batteries[J]. Nano Lett. , 2010, 10: 4750 - 4755.

[22] Reddy C V S, Wei J, Quan-Yao Z, Zhi-Rong D, Wen C, Mho S, Kalluru R R. Cathodic performance of (V_2O_5 + PEG) nanobelts for Li ion rechargeable battery[J]. J. Power Sources, 2007, 166: 244 - 249.

[23] Alonso B, Livage J. Synthesis of vanadium oxide gels from peroxovanadic acid solutions: a [51]V NMR study[J]. J. Solid State Chem. , 1999, 148: 16 – 19.

[24] Liu D W, Liu Y Y, Garcia B B, Zhang Q F, Pan A Q, Jeong Y H, Cao G Z. V_2O_5 xerogel electrodes with much enhanced lithium-ion intercalation properties with N_2 annealing[J]. J. Mater. Chem. , 2009, 19: 8789 – 8795.

[25] West K, Zachauchristiansen B, Jacobsen T, Skaarup S. Vanadium oxide xerogels as electrodes for lithium batteries[J]. Electrochim. Acta, 1993, 38: 1215 – 1220.

[26] Mao L J, Liu C Y. A new route for synthesizing VO_2 (B) nanoribbons and 1D vanadium-based nanostructures[J]. Mater. Res. Bull. , 2008, 43: 1384 – 1392.

[27] Sediri F, Gharbi N. Nanorod B phase VO_2 obtained by using benzylamine as a reducing agent[J]. Mat. Sci. Eng. B, 2007, 139: 114 – 117.

[28] Lavayen V, O'Dwyer C, Cárdenas G, González G, Sotomayor Torres C M. Towards thiol functionalization of vanadium pentoxide nanotubes using gold nanoparticles[J]. Mater. Res. Bull. , 2007, 42: 674 – 685.

[29] Surca A and Orel B, IR spectroscopy of crystalline V_2O_5 films in different stages of lithiation[J]. Electrochim. Acta, 1999, 44: 3051 – 3057.

[30] Liu Y J, Schindler J L, DeGroot D C, Kannewurf C R, Hirpo W, Kanatzidis M G. Synthesis, structure, and reactions of poly (ethylene oxide)/ V_2O_5 intercalative nanocomposites[J]. Chem. Mater. , 1996, 8: 525 – 534.

[31] Wang Z Y, Chen J S, Zhu T, Madhavi S, Lou X W. One-pot synthesis of uniform carbon-coated MoO_2 nanospheres for high-rate reversible lithium storage [J]. Chem. Commun. , 2010, 46: 6906 – 6908.

[32] Oh S W, Myung S T, Oh S M, Oh K H, Amine K, Scrosati B, Sun Y K. Double carbon coating of $LiFePO_4$ as high rate electrode for rechargeable lithium batteries[J]. Adv. Mater. , 2010, 22: 4842 – 4845.

[33] Sakunthala A, Reddy M V, Selvasekarapandian S, Chowdari B V R, Christopher Selvin P. Energy storage studies of bare and doped vanadium pentoxide,

$(V_{1.95}M_{0.05})O_5$, M = Nb, Ta, for lithium ion batteries[J]. Energy Environ. Sci., 2011, 4: 1712 - 1725.

[34] Feng C Q, Wang S Y, Zeng R, Guo Z P, Konstantinov K, Liu H K. Synthesis of spherical porous vanadium pentoxide and its electrochemical properties[J]. J. Power Sources, 2008, 184: 485 - 488.

[35] Chernova N A, Roppolo M, Dillon A C, Whittingham M S. Layered vanadium and molybdenum oxides: batteries and electrochromics[J]. J. Mater. Chem., 2009, 19: 2526 - 2552.

[36] Cheah Y L, Aravindan V, Madhavi S. Synthesis and enhanced lithium storage properties of electrospun V_2O_5 nanofibers in full-cell assembly with a spinel $Li_4Ti_5O_{12}$ anode[J]. ACS Appl. Mater. Interfaces, 2013, 5: 3475 - 3480.

[37] Shenouda A Y, Liu H K. Electrochemical behaviour of tin borophosphate negative electrodes for energy storage systems[J]. J. Power Sources, 2008, 185: 1386 - 1391.

[38] Wang D W, Li F, Fang H T, Liu M, Lu G Q, Cheng H M. Effect of pore packing defects in 2 - D ordered mesoporous carbons on ionic transport[J]. J. Phys. Chem. B, 2006, 110: 8570 - 8575.

[39] Yuan D S, Zeng J H, Kristian N, Wang Y, Wang X. Bi_2O_3 deposited on highly ordered mesoporous carbon for supercapacitors[J]. Electrochem. Commun., 2009, 11: 313 - 317.

[40] Shaju K M, Rao G V S, Chowdari B V R. Influence of Li-ion kinetics in the cathodic performance of layered Li($Ni_{1/3}Co_{1/3}Mn_{1/3}$)O_2[J]. J. Electrochem. Soc., 2004, 151: A1324 - A1332.

[41] Huang Y Y, Chen J T, Cheng F Q, Wan W, Liu W, Zhou H H, Zhang X X. A modified Al_2O_3 coating process to enhance the electrochemical performance of Li($Ni_{1/3}Co_{1/3}Mn_{1/3}$)O_2 and its comparison with traditional Al_2O_3 coating process[J]. J. Power Sources, 2010, 195: 8267 - 8274.

[42] Lee J W, Popov B N. Electrochemical intercalation of lithium into polypyrrole/

silver vanadium oxide composite used for lithium primary batteries[J]. J. Power Sources, 2006, 161: 565 - 572.

[43] Boyano I, Bengoechea M, Meatza I, Miguel O, Cantero I, Ochoteco E, Rodríguez J, Lira-Cantú M, Gómez-Romero P. Improvement in the Ppy/V_2O_5 hybrid as a cathode material for Li ion batteries using PSA as an organic additive [J]. J. Power Sources, 2007, 166: 471 - 477.

[44] Gittleson F S, Hwang J, Sekol R C, Taylor A D. Polymer coating of vanadium oxide nanowires to improve cathodic capacity in lithium batteries[J]. J. Mater. Chem. A, 2013, 1: 7979 - 7984.

[45] Lee J W, Lim S Y, Jeong H M, Hwang T H, Kang J K, Choi J W. Extremely stable cycling of ultra-thin V_2O_5 nanowire-graphene electrodes for lithium rechargeable battery cathodes[J]. Energy Environ. Sci. , 2012, 5: 9889 - 9894.

[46] Li Z, Du F, Bie X, Zhang D, Cai Y, Cui X, Wang C, Chen G, Wei Y. Electrochemical Kinetics of the Li[$Li_{0.23}Co_{0.3}Mn_{0.47}$]$O_2$ Cathode Material Studied by GITT and EIS[J]. J. Phy. Chem. C, 2010, 114: 22751 - 22757.

[47] Tang K, Yu X Q, Sun J P, Li H, Huang X J. Kinetic analysis on $LiFePO_4$ thin films by CV, GITT, and EIS[J]. Electrochim. Acta, 2011, 56: 4869 - 4875.

[48] Guo H P, Liu L, Wei Q L, Shu H B, et al. Electrochemical characterization of polyaniline-LiV_3O_8 nanocomposite cathode material for lithium ion batteries[J]. Electrochim. Acta, 2013, 94: 113 - 123.

第 4 章

[1] Velazquez J M, Banerjee S. Catalytic Growth of Single-Crystalline V_2O_5 Nanowire Arrays[J]. Small, 2009, 5: 1025 - 1029.

[2] Chan C K, Peng H, Twesten R D, et al. Fast, completely reversible Li insertion in vanadium pentoxide nanoribbons[J]. Nano Lett. , 2007, 7: 490 - 495.

[3] Muhr H-J, Krumeich F, Schönholzer U P, et al. Vanadium Oxide Nanotubes — A New Flexible Vanadate Nanophase[J]. Adv. Mater. , 2000, 12: 231 - 234.

［4］ Mai L-Q，Wen Chen，Qing Xu，et al. Mo doped vanadium oxide nanotubes：microstructure and electrochemistry［J］. Chem. Phys. Lett. ，2003，382：307 – 312.

［5］ Nordlinder S，Nyholm L，Gustafsson T，et al. Lithium Insertion into Vanadium Oxide Nanotubes：Electrochemical and Structural Aspects［J］. Chem. Mater. ，2006，18：495 – 503.

［6］ Spahr M E，Bitterli P，Nesper R，et al. Vanadium Oxide Nanotubes as Electrode Material［J］. Angew. Chem. Int. Ed. ，1998，37：1263 – 1265.

［7］ Niederberger M，Muhr H J，Krumeich F，et al. Low-Cost Synthesis of Vanadium Oxide Nanotubes via Two Novel Non-Alkoxide Routes［J］. Chem. Mater. ，2000，12：1995 – 2000.

［8］ Malta M，Louarn G，Errien N，et al. Redox behavior of nanohybrid material with defined morphology：Vanadium oxide nanotubes intercalated with polyaniline［J］. J. Power Sources，2006，156：533 – 540.

［9］ Li F，Wang X，Shao C，et al. W doped vanadium oxide nanotubes：Synthesis and characterization［J］. Mater. Lett. ，2007，61：1328 – 1332.

［10］ Lavayen V，O'Dwyer C，Cardenas G，et al. Towards thiol functionalization of vanadium pentoxide nanotubes using gold nanoparticles［J］. Mater. Res. Bull. ，2007，42：674 – 685.

［11］ Dobley A，Ngala K，Yang S，et al. Manganese Vanadium Oxide Nanotubes：Synthesis，Characterization，and Electrochemistry［J］. Chem. Mater. ，2001，13：4382 – 4386.

［12］ Ponzio E A，Benedetti T M，Torresi R M. Electrochemical and morphological stabilization of V_2O_5 nanofibers by the addition of polyaniline［J］. Electrochim. Acta，2007，52：4419 – 4427.

［13］ 任丽. 化学氧化法聚吡咯复合材料及其作锂二次电池正极的研究［D］. 天津：天津大学，2006.

［14］ Debiemme-Chouvy C. Template-free one-step electrochemical formation of polypyrrole nanowire array[J]. Electrochem. Commun. ，2009，11：298－301.

[15] Yang Y, Liao X Z, Ma Z F，et al. Superior high-rate cycling performance of LiFePO$_4$/C-PPy composite at 55℃ [J]. Electrochem. Commun. ，2009，11：1277－1280.

[16] Sediri F, Gharbi N. From crystalline V$_2$O$_5$ to nanostructured vanadium oxides using aromatic amines as templates[J]. J. Physics and Chemistry of Solids. 2007，68：1821－1829.

[17] Petkov V, Zavalij P Y, Lutta S，et al. Structure beyond Bragg：Study of V$_2$O$_5$ nanotubes[J]. Phsical Review B. 2004，69：085410－6.

[18] 陈文,麦立强,徐庆,等. 氧化钒纳米管的自组装合成机理[J].无机材料学报，2005,20：65－70.

[19] Patzke G R，Krumeich F，Nesper R. Oxidic Nanotubes and Nanorods — Anisotropic Modules for a Future Nanotechnology[J]. Angew. Chem. Int. Ed. ，2002，41：2446－2461.

[20] 麦立强. 低维钒氧化物纳米材料制备、结构与性能研究[D]. 武汉：武汉理工大学,2004.

[21] 吴广明,吴永刚,倪星元,等. 锂离子注入对 V$_2$O$_5$ 薄膜红外振动特性影响[J]. 材料研究学报,2000,14：210－214.

[22] 中西香尔,索罗曼.红外光谱分析 100 例.北京：科学出版社,1984.

[23] Liqiang Mai，Wen Chen，Qing Xu，et al. Cost-saving synthesis of vanadium oxide nanotubes[J]. Solid State Commun. ，2003，126：541－543.

[24] Chandrappa G T，Steunou N, Cassaignon S，et al. Hydrothermal synthesis of vanadium oxide nanotubes from V$_2$O$_5$ gels [J]. Catal. Today, 2003, 78：85－89.

[25] 陈文,麦立强,徐庆,等. 钒氧化物纳米管的合成、结构及电化学性能[J].高等学校化学学报,2004,25：904－907.

[26] Sediri F，Touati F, Gharbi N. A one-step hydrothermal way for the synthesis of vanadium oxide nanotubes containing the phenylpropylamine as template obtained

via non-alkoxide route[J]. Mater. Lett. 2007, 61: 1946-1950.

[27] Huang B, Zheng X D, Jia D M, et al. Design and synthesis of high-rate micronsized, spherical LiFePO$_4$/C composites containing clusters of nano/microspheres [J]. Electrochim. Acta, 2010, 55: 1227-1231.

[28] Wu T-M, Chang H-L, Lin Y-W. Synthesis and characterization of conductive polypyrrole with improved conductivity and processability[J]. Polym Int. , 2009, 58: 1065-1070.

[29] Omastová M, Trchová M, Kovárová J, et al. Synthesis and structural study of polypyrroles prepared in the presence of surfactants[J]. Synthetic Metals, 2003, 138: 447-455.

[30] Li Cui, Juan Li, Xiao-gang Zhang. Synthesis and characterization of core-shell nanostructured PPy/V$_2$O$_5$ composite[J]. Mater. Lett. , 2009, 63: 683-686.

[31] Li H X, Jiao L F, Yuan H T, et al. Factors affecting the electrochemical performance of vanadium oxide nanotube cathode materials[J]. Electrochem. Commun. , 2006, 8: 1693-1698.

[32] Sediri F, Touati F, Gharbi N. A one-step hydrothermal way for the synthesis of vanadium oxide nanotubes containing the phenylpropylamine as template obtained via non-alkoxide route[J]. Mater. Lett. 2007, 61: 1946-1950.

[33] Hwang S-J, Kwon C-W, Portier J, et al. Local Crystal Structure around Manganese in New Potassium-Based Nanocrystalline Manganese Oxyiodide[J]. J. Phys. Chem. B, 2002, 106: 4053-4060.

[34] Feng C Q, Wang S Y, Zeng R, et al. Synthesis of spherical porous vanadium pentoxide and its electrochemical properties[J]. J. Power Sources, 2008, 184: 485-488.

[35] Huguenin F, Gambardella M T P, Torresi R M, et al. Chemical and Electrochemical Characterization of a Novel Nanocomposite Formed from V$_2$O$_5$ and Poly (N-propane sulfonic acid aniline), a Self-Doped Polyaniline[J]. J. Electrochem. Soc. , 2000, 147: 2437-2444.

[36] Malta M, Louarn G, Errien N, et al. Redox behavior of nanohybrid material with defined morphology: Vanadium oxide nanotubes intercalated with polyaniline[J]. J. Power Sources, 2006, 156: 533 – 540.

[37] Malta M, Torresi R M. Electrochemical and kinetic studies of lithium intercalation in composite nanofibers of vanadium oxide/polyaniline [J]. Electrochim. Acta, 2005, 50: 5009 – 5014.

第 5 章

[1] Mai L Q, Xu L, Han C H, Xu X, Luo Y Z, Zhao S Y, Zhao Y L. Electrospun ultralong hierarchical vanadium oxide nanowires with high performance for lithium ion batteries[J]. Nano. Lett., 2010, 10(11): 4750 – 4755.

[2] Mai L Q, Dong Y J, Xu L, Han C H. Single nanowire electrochemical devices [J]. Nano Lett., 2010, 10: 4273 – 4278.

[3] Ma Y S, Pi X D, Yang D R. Fluorine-passivated silicon nanocrystals: surface chemistry versus quantum confinement[J]. J. Phys. Chem. C, 2012, 116: 5401 – 5406.

[4] Wang D W, Li T, Liu Y, Huang J S, You T Y. Large-scale and template-free growth of free-standing single-crystalline dendritic Ag/Pd alloy nanostructure arrays[J]. Cryst. Growth Des., 2009, 9: 4351 – 4355.

[5] Wu X L, Guo Y G, Wan L J, Hu C W. $\alpha - Fe_2O_3$ Nanostructures: Inorganic Salt-Controlled Synthesis and Their Electrochemical Performance toward Lithium Storage[J]. J. Phys. Chem. C, 2008, 112: 16824 – 16829.

[6] Fu L J, Liu H, Li C, Wu Y P, Rahm E, Holze R, Wu H Q. Electrode materials for lithium secondary batteries prepared by sol-gel methods[J]. Prog. Mater. Sci., 2005, 50(7): 881 – 928.

[7] Winter M, Besenhard J O, Spahr M E, Novak P. Insertion electrode materials for rechargeable lithium batteries[J]. Adv. Mater., 1998, 10(10): 725 – 763.

[8] Cui C J, Wu G M, Shen J, Zhou B, Zhang Z H, Yang H Y, She S F. Synthesis

and electrochemical performance of lithium vanadium oxide nanotubes as cathodes for rechargeable lithium-ion batteries [J]. Electrochim. Acta. , 2010, 55: 2536 - 2541.

[9] Sediri F, Touati F, Gharbi N. A one-step hydrothermal way for the synthesis of vanadium oxide nanotubes containing the phenylpropylamine as template obtained via non-alkoxide route[J]. Mater. Lett. , 2007, 61: 1946 - 1950.

[10] Krumeich F, Muhr H J, Niederberger M, et al. Morphology and Topochemical Reactions of Novel Vanadium Oxide Nanotubes[J]. J. Am. Chem. Soc. , 1999, 121: 8324 - 8331.

[11] Mai L Q, Chen W, Xu Q, et al. Cost-saving synthesis of vanadium oxide nanotubes[J]. Solid State Commun. , 2003, 126: 541 - 543.

[12] Nordlinder S, Nyholm L, Gustafsson T, Edstrom K. Lithium Insertion into Vanadium Oxide Nanotubes: Electrochemical and Structural Aspects[J]. Chem. Mater. , 2006, 18: 495 - 503.

[13] Li H X, Jiao L F, Yuan H T, et al. Factors affecting the electrochemical performance of vanadium oxide nanotube cathode materials[J]. Electrochem. Commun. , 2006, 8: 1693 - 1698.

[14] Sun D, Kwon C W, Baure G, et al. The Relationship Between Nanoscale Structure and Electrochemical Properties of Vanadium Oxide Nanorolls[J]. Adv. Funct. Mater. , 2004, 14: 1197 - 1204.

[15] Jiao L F, Yuan H T, Si Y C, et al. Synthesis of $Cu_{0.1}$-doped vanadium oxide nanotubes and their application as cathode materials for rechargeable magnesium batteries[J]. Electrochem. Commun. , 2006, 8: 1041 - 1044.

[16] Mai L Q, Chen W, Xu Q, et al. Mo doped vanadium oxide nanotubes: microstructure and electrochemistry [J]. Chem. Phys. Lett. , 2003, 382: 307 - 312.

[17] O'Dwyer C, Lavayen V, Tanner D A, et al. Reduced Surfactant Uptake in Three Dimensional Assemblies of VO_x Nanotubes Improves Reversible Li^+

Intercalation and Charge Capacity[J]. Adv. Funct. Mater. , 2009, 19: 1736 - 1745.

[18] Reinoso J M, Muhr H J, Krumeich F, Bieri F, Nesper R. Controlled Uptake and Release of Metal Cations by Vanadium Oxide Nanotubes[J]. Helv. Chim. Acta, 2000, 83: 1724 - 1733.

[19] Spahr M E, Bitterli P S, Nesper R, Haas O, Novák P. Vanadium Oxide Nanotubes: A New Nanostructured Redox-Active Material for the Electrochemical Insertion of Lithium[J]. J. Electrochem. Soc. , 1999, 146: 2780 - 2783.

[20] Chandrappa G T, Steunou N, Cassaignon S, Bauvais C, Livage J. Hydrothermal synthesis of vanadium oxide nanotubes from V_2O_5 gels[J]. Catal. Today, 2003, 78: 85 - 89.

[21] Li J, Zheng L F, Zhang K F, Feng X Q, Su Z X, Ma J T. Synthesis of Ag modified vanadium oxide nanotubes and their antibacterial properties[J]. Mater. Res. Bull. , 2008, 43: 2810 - 2817.

[22] Vera-Robles L I, Naab F U, Campero A, Duggan J L, McDaniel F D. Metal cations inserted in vanadium-oxide nanotubes[J]. Nucl. Instr. and Meth. B, 2007, 261: 534 - 537.

[23] Wang X, Liu L, Bontchev R, Jacobson A J. Electrochemical-hydrothermal synthesis and structure determination of a novel layered mixed-valence oxide: $BaV_7O_{16} \cdot nH_2O$[J]. Chem. Commun. , 1998, 9: 1009 - 1010.

[24] Vera-Robles L I, Campero A. A novel approach to vanadium oxide nanotubes by oxidation of V^{4+} species[J]. J. Phys. Chem. C, 2008, 112(50): 19930 - 19933.

[25] Surca A, Orel B. IR spectroscopy of crystalline V_2O_5 films in different stages of lithiation[J]. Electrochim. Acta, 1999, 44(18): 3051 - 3057.

[26] Malta M, Louarn G, Errien N, Torresi R M. Redox behavior of nanohybrid material with defined morphology: Vanadium oxide nanotubes intercalated with polyaniline[J]. J. Power Sources, 2006, 156(2): 533 - 540.

[27] Pouchert C J. The Aldrich Library of FT-IR spectra. 1985, vol. 1, Aldrich Chemical Company, Milwaukee.

[28] Mao L J, Liu C Y. A new route for synthesizing VO_2(B) nanoribbons and 1D vanadium-based nanostructures[J]. Mater. Res. Bull. , 2008, 43: 1384 – 1392.

[29] Liu Y J, Schindler J L, DeGroot D C, Kannewurf C R, Hirpo W, Kanatzidis M G. Synthesis, structure, and reactions of poly (ethylene oxide)/ V_2O_5 intercalative nanocomposites[J]. Chem. Mater. , 1996, 8: 525 – 534.

[30] Cui C J, Wu G M, Yang H Y, She S F, Shen J, Zhou B, Zhang Z H. A new high-performance cathode material for rechargeable lithium-ion batteries: Polypyrrole/vanadium oxide nanotubes [J]. Electrochim. Acta, 2010, 55: 8870 – 8875.

[31] Liu X, Xie G, Huang C, Xu Q, Zhang Y, Luo Y. A facile method for preparing VO_2 nanobelts[J]. Mater. Lett. , 2008, 62: 1878 – 1880.

[32] Yamashita T, Hayes P. Analysis of XPS spectra of Fe^{2+} and Fe^{3+} ions in oxide materials[J]. Appl. Surf. Sci. , 2008, 254: 2441 – 2449.

[33] Roosendaal S J, van Asselen B, Elsenaar J W, Vredenberg A M, Habraken F H P M. The oxidation state of Fe(100) after initial oxidation in O_2[J]. Surf. Sci. , 1999, 442: 329 – 337.

[34] Feng C Q, Wang S Y, Zeng R, Guo Z P, Konstantinov K, Liu H K. Synthesis of spherical porous vanadium pentoxide and its electrochemical properties[J]. J. Power Sources, 2008, 184: 485 – 488.

[35] Liu Y, Zhou X, Guo Y. Effects of fluorine doping on the electrochemical properties of LiV_3O_8 cathode material. Electrochim [J]. Acta, 2009, 54: 3184 – 3190.

[36] Feng C Q, Chew S Y, Guo Z P, Wang J Z, Liu H K. An investigation of polypyrrole-LiV_3O_8 composite cathode materials for lithium-ion batteries[J]. J. Power Sources, 2007, 174: 1095 – 1099.

第 6 章

[1] Tarascon J M, Armand M. Issues and challenges facing rechargeable lithium batteries[J]. Nature, 2001, 414: 359 - 367.

[2] Hassoun J, Reale P, Scrosati B. Recent advances in liquid and polymer lithium-ion batteries[J]. J. Mater. Chem., 2007, 17: 3668 - 3677.

[3] Cheah Y L, Gupta N, Pramana S S, Aravindan V, Wee G, Srinivasan M. Morphology, structure and electrochemical properties of single phase electrospun vanadium pentoxide nanofibers for lithium ion batteries[J]. J. Power Sources, 2011, 196 (15): 6465 - 6472.

[4] Wang Y, Cao G Z. Developments in nanostructured cathode materials for high-performance lithium-ion batteries[J]. Adv. Mater., 2008, 20: 2251 - 2269.

[5] Wang Y, Takahashi K, Lee K, Cao G Z. Nanostructured vanadium oxide electrodes for enhanced lithium-ion intercalation[J]. Adv. Funct. Mater., 2006, 16: 1133 - 1144.

[6] Kannan A M, Manthiram A. Synthesis and Electrochemical Properties of High Capacity V_2O_5 {-}{delta} Cathodes[J]. J. Electrochem. Soc., 2003, 150: A990 - A993.

[7] Muster J, Kim G T, Krstic V, Park J G, Park Y W, Roth S, Burghard M. Electrical Transport Through Individual Vanadium Pentoxide Nanowires[J]. Adv. Mater., 2000, 12: 420 - 424.

[8] Owens B B, Passerini S, Smyrl W H. Lithium ion insertion in porous metal oxides[J]. Electrochim. Acta., 1999, 45: 215 - 224.

[9] Gregoire G, Baffier N, Harari A K, Badot J C. X-Ray powder diffraction study of a new vanadium oxide $Cr_{0.11}V_2O_{5.16}$ synthesized by a sol-gel process[J]. J. Mater. Chem., 1998, 8: 2103 - 2108.

[10] Macias M, Chacko A, Ferraris J P, Balkus Jr K J. Electrospun Mesoporous Metal Oxides[J]. Micropor. Mesopor. Mater., 2005, 86: 1 - 13.

[11] Pan A Q, Zhang J G, Nie Z, Cao G Z, Arey B W, Li G S, Liang S Q, Liu J. Facile synthesized nanorod structured vanadium pentoxide for high-rate lithium batteries[J]. J. Mater. Chem., 2010, 20: 9193-9199.

[12] Hu C C, Chang K H, Huang C M, Li J M. Anodic Deposition of Vanadium Oxides for Thermal-Induced Growth of Vanadium Oxide Nanowires[J]. J. Electrochem. Soc., 2009, 156: D485-D489.

[13] Reddy C V S, Wei J, Quan-Yao Z, Zhi-Rong D, Wen C, Mho S, Kalluru R R. Cathodic performance of (V$_2$O$_5$ + PEG) nanobelts for Li ion rechargeable battery[J]. J. Power Sources, 2007, 166: 244-249.

[14] Ban C, Chernova N A, Whittingham M S. Electrospun nano-vanadium pentoxide cathode[J]. Electrochem. Commun., 2009, 11: 522-525.

[15] Mai L Q, Xu L, Han C H, Xu X, Luo Y Z, Zhao S Y, Zhao Y L. Electrospun Ultralong Hierarchical Vanadium Oxide Nanowires with High Performance for Lithium Ion Batteries[J]. Nano Lett., 2010, 10: 4750-4755.

[16] Zhou X W, Wu G M, Gao G H, Wang J C, Yang H Y, Wu J D, Shen J, Zhou B, Zhang Z H. Electrochemical Performance Improvement of Vanadium Oxide Nanotubes as Cathode Materials for Lithium Ion Batteries through Ferric Ion Exchange Technique[J]. J. Phys. Chem. C, 2012, 116: 21685-21692.

[17] Alonso B, Livage J. Synthesis of vanadium oxide gels from peroxovanadic acid solutions: A ^{51}V NMR study[J]. J. Solid State Chem., 1999, 148: 16-19.

[18] Muhr H-J, Krumeich F, Schonholzer U P, Bieri F, Niederberger M, Gauckler L J, Nesper R. Vanadium Oxide Nanotubes-A New Flexible Vanadate Nanophase[J]. Adv. Mater., 2000, 12: 231-234.

[19] Wang X, Liu L, Bontchev R, Jacobson A J. Electrochemical-hydrothermal synthesis and structure determination of a novel layered mixed-valence oxide: BaV$_7$O$_{16}$ · nH$_2$O[J]. Chem. Commun., 1998, 9: 1009-1010.

[20] Vera-Robles L I, Campero A. A novel approach to vanadium oxide nanotubes by oxidation of V^{4+} species[J]. J. Phys. Chem. C, 2008, 112(50): 19930-19933.

[21] Liu X，Xie G，Huang C，Xu Q，Zhang Y，Luo Y. A facile method for preparing VO₂ nanobelts[J]. Mater. Lett. ，2008，62：1878 – 1880.

[22] Li J，Zheng L F，Zhang K F，Feng X Q，Su Z X，Ma J T. Synthesis of Ag modified vanadium oxide nanotubes and their antibacterial properties[J]. Mater. Res. Bull. ，2008，43：2810 – 2817.

[23] Malta M，Louarn G，Errien N，Torresi R M. Redox behavior of nanohybrid material with defined morphology：Vanadium oxide nanotubes intercalated with polyaniline[J]. J. Power Sources，2006，156(2)：533 – 540.

[24] Surca A，Orel B. IR spectroscopy of crystalline V_2O_5 films in different stages of lithiation[J]. Electrochim. Acta，1999，44(18)：3051 – 3057.

[25] Liu Y J，Schindler J L，DeGroot D C，Kannewurf C R，Hirpo W，Kanatzidis M G. Synthesis， structure， and reactions of poly (ethylene oxide)/ V_2O_5 intercalative nanocomposites[J]. Chem. Mater. ，1996，8(2)：525 – 534.

[26] Mao L J，Liu C Y. A new route for synthesizing VO₂ (B) nanoribbons and 1D vanadium-based nanostructures[J]. Mater. Res. Bull. ，2008，43：1384 – 1392.

[27] Chernova N A，Roppolo M，Dillon A C，Whittingham M S. Layered vanadium and molybdenum oxides：batteries and electrochromics[J]. J. Mater. Chem. ，2009，19：2526 – 2552.

[28] Feng C Q，Wang S Y，Zeng R，Guo Z P，Konstantinov K，Liu H K. Synthesis of spherical porous vanadium pentoxide and its electrochemical properties[J]. J. Power Sources，2008，184：485 – 488.

[29] Broussely M，Perton F，Labat J，Staniewicz R J，Romero A. Li/Li_xNiO_2 and Li/Li_xCoO_2 rechargeable systems： comparative study and performance of practical cells[J]. J. Power Sources，1993，43：209 – 216.

[30] Feng C Q，Chew S Y，Guo Z P，Wang J Z，Liu H K. An investigation of polypyrrole-LiV_3O_8 composite cathode materials for lithium-ion batteries[J]. J. Power Sources，2007，174：1095 – 1099.

[31] Ng S H，Patey T J，Buechel R，Krumeich F，Wang J Z，Liu H K，Pratsinis S

E. Flame spray-pyrolyzed vanadium oxide nanoparticles for lithium battery cathodes[J]. Phys. Chem. Chem. Phys. , 2009, 11(19): 3748 – 3755.

[32] Jiao L, Yuan H, Wang Y, Cao J, Wang Y. Mg intercalation properties into open-ended vanadium oxide nanotubes[J]. Electrochem. Commun. , 2005, 7: 431 – 436.

[33] Shenouda A Y, Liu H K. Electrochemical behaviour of tin borophosphate negative electrodes for energy storage systems[J]. J. Power Sources, 2008, 185: 1386 – 1391.

[34] Liu Y, Zhou X, Guo Y. Effects of fluorine doping on the electrochemical properties of LiV_3O_8 cathode material[J]. Electrochim. Acta, 2009, 54: 3184 – 3190.

[35] Yan J, Yuan W, Tang Z Y, Xie H, Mao W F, Ma L. Synthesis and electrochemical performance of $Li_3V_2(PO_4)_{3-x}Cl_x/C$ cathode materials for lithium-ion batteries[J]. J. Power Sources, 2012, 209: 251 – 256.

[36] Jin B, Jin E M, Park K-H, Gu H-B. Electrochemical properties of $LiFePO_4$-multiwalled carbon nanotubes composite cathode materials for lithium polymer battery[J]. Electrochem. Commun. , 2008, 10: 1537 – 1540.

第 7 章

[1] Armand M, Tarascon J M. Building better batteries[J]. Nature, 2008, 451: 652 – 657.

[2] Scrosati B, Garche J. Lithium batteries: Status, prospects and future[J]. J. Power Sources, 2010, 195 (9): 2419 – 2430.

[3] Reddy M V, Subba Rao G V, Chowdari B V R. Synthesis and electrochemical studies of the 4 V cathode, $Li(Ni_{2/3}Mn_{1/3})O_2$ [J]. J. Power Sources, 2006, 160 (2): 1369 – 1374.

[4] Cheah Y L, Gupta N, Pramana S S, Aravindan V, Wee G, Srinivasan M. Morphology, structure and electrochemical properties of single phase electrospun

vanadium pentoxide nanofibers for lithium ion batteries[J]. J. Power Sources, 2011, 196 (15): 6465 - 6472.

[5] Fu L J, Liu H, Li C, Wu Y P, Rahm E, Holze R, Wu H Q. Electrode materials for lithium secondary batteries prepared by sol-gel methods[J]. Prog. Mater. Sci. , 2005, 50(7): 881 - 928.

[6] Winter M, Besenhard J O, Spahr M E, Novak P. Insertion electrode materials for rechargeable lithium batteries[J]. Adv. Mater. , 1998, 10(10): 725 - 763.

[7] Ng S H, Chew S Y, Wang J, Wexler D, Tournayre Y, Konstantinov K, Liu H K. Synthesis and electrochemical properties of V_2O_5 nanostructures prepared via a precipitation process for lithium-ion battery cathodes[J]. J. Power Sources, 2007, 174(2): 1032 - 1035.

[8] Myung S, Lee M, Kim G T, Ha J S, Hong S. Large-scale "surface-programmed assembly" of pristine vanadium oxide nanowire-based devices[J]. Adv. Mater. , 2005, 17(19): 2361 - 2364.

[9] Liu D W, Liu Y Y, Garcia B B, Zhang Q F, Pan A Q, Jeong Y H, Cao G Z. V_2O_5 xerogel electrodes with much enhanced lithium-ion intercalation properties with N_2 annealing[J]. J. Mater. Chem. , 2009, 19(46): 8789 - 8795.

[10] Koike S, Fujieda T, Sakai T, Higuchi S. Characterization of sputtered vanadium oxide films for lithium batteries[J]. J. Power Sources, 1999, 81: 581 - 584.

[11] Yamada H, Tagawa K, Komatsu M, Moriguchi I, Kudo T. High power battery electrodes using nanoporous V_2O_5/carbon composites[J]. J. Phys. Chem. C, 2007, 111(23): 8397 - 8402.

[12] Ng S H, Patey T J, Buechel R, Krumeich F, Wang J Z, Liu H K, Pratsinis S E, Novak P. Flame spray-pyrolyzed vanadium oxide nanoparticles for lithium battery cathodes[J]. Phys. Chem. Chem. Phys. , 2009, 11(19): 3748 - 3755.

[13] Cao A M, Hu J S, Liang H P, Wan L J. Self-assembled vanadium pentoxide (V_2O_5) hollow microspheres from nanorods and their application in lithium-ion batteries[J]. Angew. Chem. Int. Edit. , 2005, 44(28): 4391 - 4395.

[14] Wang Y, Zhang H J, Lim W X, Lin J Y, Wong C C. Designed strategy to fabricate a patterned V_2O_5 nanobelt array as a superior electrode for Li-ion batteries[J]. J. Mater. Chem., 2011, 21(7): 2362 - 2368.

[15] Takahashi K, Limmer S J, Wang Y, Cao G Z. Synthesis and electrochemical properties of single-crystal V_2O_5 nanorod arrays by template-based electrodeposition[J]. J. Phys. Chem. B, 2004, 108(28): 9795 - 9800.

[16] Tang Y X, Rui X H, Zhang Y Y, Yan Q Y, Chen Z. Vanadium pentoxide cathode materials for high-performance lithium-ion batteries enabled by a hierarchical nanoflower structure via an electrochemical process[J]. J. Mater. Chem. A, 2013, 1(1): 82 - 88.

[17] Rui X H, Zhu J X, Sim D H, Xu C, Zeng Y, Hng H H, Lim T M, Yan Q Y. Reduced graphene oxide supported highly porous V_2O_5 spheres as a high-power cathode material for lithium ion batteries [J]. Nanoscale, 2011, 3 (11): 4752 - 4758.

[18] Gwon H, Kim H S, Lee K U, Seo D H, Park Y C, Lee Y S, Ahn B T, Kang K. Flexible energy storage devices based on graphene paper[J]. Energ. Environ. Sci., 2011, 4(4): 1277 - 1283.

[19] Reddy C V S, Wei J, Quan-Yao Z, Zhi-Rong D, Wen C, Mho S, Kalluru R R. Cathodic performance of (V_2O_5 + PEG) nanobelts for Li ion rechargeable battery[J]. J. Power Sources, 2007, 166(1): 244 - 249.

[20] Mai L Q, Xu L, Han C H, Xu X, Luo Y Z, Zhao S Y, Zhao Y L. Electrospun ultralong hierarchical vanadium oxide nanowires with high performance for lithium ion batteries[J]. Nano. Lett., 2010, 10(11): 4750 - 4755.

[21] Zhang X F, Wang K X, Wei X, Chen J S. Carbon-coated V_2O_5 nanocrystals as high performance cathode material for lithium ion batteries[J]. Chem. Mater., 2011, 23(24): 5290 - 5292.

[22] Alonso B, Livage J. Synthesis of vanadium oxide gels from peroxovanadic acid solutions: A ^{51}V NMR study[J]. J. Solid State Chem., 1999, 148(1): 16 - 19.

[23] Livage J. Vanadium pentoxide gels[J]. Chem. Mater. , 1991，3：578－593.

[24] Yang D X，Velamakanni A，Bozoklu G，Park S，Stoller M，Piner R D. Chemical analysis of graphene oxide films after heat and chemical treatments by X-ray photoelectron and Micro-Raman spectroscopy [J]. Carbon，2009，47（1）：145－152.

[25] Yue L，Li W，Sun F，Zhao L，Xing L. Highly hydroxylated carbon fibres as electrode materials of all-vanadium redox flow battery[J]. Carbon，2010，48（11）：3079－3090.

[26] Abdel Salam M，Burk R C. Thermodynamics of pentachlorophenol adsorption from aqueous solutions by oxidized multi-walled carbon nanotubes[J]. Appl. Surf. Sci. , 2008，255(5)：1975－1981.

[27] Hellmann I，Täschner Ch，Klingeler R，Leonhardt A，Büchner B，Knupfer M. Structure and electronic properties of Li-doped vanadium oxide nanotubes[J]. J. Chem. Phys，2008，128：224701－224705.

[28] Wörle M，Krumeich F，Bieri F，Muhr H J，Nesper R. Flexible V_7O_{16} Layers as the Common Structural Element of Vanadium Oxide Nanotubes and a New Crystalline Vanadate[J]. Z. Anorg. Allg. Chem. , 2002，628：2778－2784.

[29] O'Dwyer C，Lavayen V，Tanner D A，Newcomb S B，Benavente E，González G，Sotomayor Torres C M. Reduced Surfactant Uptake in Three Dimensional Assemblies of VO_x Nanotubes Improves Reversible Li^+ Intercalation and Charge Capacity[J]. Adv. Funct. Mater. , 2009，19：1736－1745.

[30] Chen X，Sun X M，Li Y D. Self-Assembling Vanadium Oxide Nanotubes by Organic Molecular Templates[J]. Inorg. Chem. , 2002，41：4524－4530.

[31] Vera-Robles L I，Campero A. A novel approach to vanadium oxide nanotubes by oxidation of V^{4+} species[J]. J. Phys. Chem. C，2008，112(50)：19930－19933.

[32] Zhang L，Hashimoto Y，Taishi T，Ni Q Q. Mild hydrothermal treatment to prepare highly dispersed multi-walled carbon nanotubes[J]. Appl. Surf. Sci. , 2011，257(6)：1845－1849.

［33］ Mao L J, Liu C Y. A new route for synthesizing VO$_2$(B) nanoribbons and 1D vanadium-based nanostructures［J］. Mater. Res. Bull. , 2008, 43（6）: 1384 - 1392.

［34］ Surca A, Orel B. IR spectroscopy of crystalline V$_2$O$_5$ films in different stages of lithiation［J］. Electrochim. Acta, 1999, 44(18): 3051 - 3057.

［35］ Liu Y J, Schindler J L, DeGroot D C, Kannewurf C R, Hirpo W, Kanatzidis M G. Synthesis, structure, and reactions of poly（ethylene oxide）/ V$_2$O$_5$ intercalative nanocomposites［J］. Chem. Mater. , 1996, 8(2): 525 - 534.

［36］ Malta M, Louarn G, Errien N, Torresi R M. Redox behavior of nanohybrid material with defined morphology: Vanadium oxide nanotubes intercalated with polyaniline［J］. J. Power Sources, 2006, 156(2): 533 - 540.

［37］ Sediri F, Gharbi N. Nanorod B phase VO$_2$ obtained by using benzylamine as a reducing agent［J］. Mat. Sci. Eng. B, 2007, 139(1): 114 - 117.

［38］ Feng C Q, Wang S Y, Zeng R, Guo Z P, Konstantinov K, Liu H K. Synthesis of spherical porous vanadium pentoxide and its electrochemical properties［J］. J. Power Sources, 2008, 184(2): 485 - 488.

［39］ Sakunthala A, Reddy M V, Selvasekarapandian S, Chowdari B V R, Christopher Selvin P. Energy storage studies of bare and doped vanadium pentoxide, (V$_{1.95}$M$_{0.05}$)O$_5$, M = Nb, Ta, for lithium ion batteries［J］. Energy Environ. Sci. , 2011, 4(5): 1712 - 1725.

［40］ Chernova N A, Roppolo M, Dillon A C, Whittingham M S. Layered vanadium and molybdenum oxides: batteries and electrochromics［J］. J. Mater. Chem. , 2009, 19(17): 2526 - 2552.

［41］ Shenouda A Y, Liu H K. Electrochemical behaviour of tin borophosphate negative electrodes for energy storage systems［J］. J. Power Sources, 2008, 185(2): 1386 - 1391.

［42］ Shao Y Y, Engelhard M, Lin Y H. Electrochemical investigation of polyhalide ion oxidation-reduction on carbon nanotube electrodes for redox flow batteries

[J]. Electrochem. Commun. , 2009, 11(10): 2064 - 2067.

[43] Huang Y Y, Chen J T, Cheng F Q, Wan W, Liu W, Zhou H H, Zhang X X. A modified Al_2O_3 coating process to enhance the electrochemical performance of Li $(Ni_{1/3}Co_{1/3}Mn_{1/3})O_2$ and its comparison with traditional Al_2O_3 coating process [J]. J. Power Sources, 2010, 195(24): 8267 - 8274.

[44] Shaju K M, Rao G V S, Chowdari B V R. Influence of Li-ion kinetics in the cathodic performance of layered Li $(Ni_{1/3}Co_{1/3}Mn_{1/3})O_2$ [J]. J. Electrochem. Soc. , 2004, 151(9): A1324 - A1332.

[45] Yuan D S, Zeng J H, Kristian N, Wang Y, Wang X. Bi_2O_3 deposited on highly ordered mesoporous carbon for supercapacitors [J]. Electrochem. Commun. 2009, 11(2): 313 - 317.

[46] Wang D W, Li F, Fang H T, Liu M, Lu G Q, Cheng H M. Effect of pore packing defects in 2 - D ordered mesoporous carbons on ionic transport[J]. J. Phys. Chem. B, 2006, 110(17): 8570 - 8575.

后　记

时光匆匆，转眼间近五年的研究生学习生涯已经接近尾声了。回想自己从小学、中学、大学再到现在一共二十来年的学习生活，真是感慨万千，要感谢的人太多了！我一路走来，周围的人给予了我很多帮助，正是由于你们的存在才使我不断地进步。

在博士即将毕业之际，首先感谢同济大学对我的培养。硕博连读的四年半时间里，同济大学给予了我多次奖励和资助，这对我研究工作的顺利展开提供了很好的鼓励和极大的支持。

感谢我的导师吴广明教授，我的研究工作和论文撰写是在他悉心指导下才得以很好的完成。吴广明教授不仅在科研工作上给予我们积极的指导，也在平时的生活中给予我们细心的引导。记得刚入学第一次同他见面，他便教导我们要"先做人，后做事"。我想，他诚恳且无保留的教诲将会引导我们走向正确的人生方向。

同时，感谢沈军教授、周斌教授、倪星元老师和张志华老师在平时的学习生活中给予我的关心和多方面的帮助。

在论文即将完成之际，我不禁想起了课题组的各位师兄师姐师弟师妹们。大家在一起有过很多欢乐，我的研究生生活也因你们而更加精彩。感谢杨辉宇师兄在科研方面对我的指导和帮助，平时生活中与你的交流和接触,也使我受益匪浅。感谢高国华大师兄,在你的带领下,师弟们克服了科研上的很多难题,不断地取得进步。感谢同一个办公室的王际超、冯伟、吴建栋、肖波凯、李强,和你们的相处很愉快,大家相互帮助共同成长,是工作中的好搭档,生活中的好伙伴。说来也巧,我们六个人都面临着即将到来的毕业,在这里提前祝福大家前程似锦。

感谢课题组的每一个人,感谢你们的每一次帮助,感谢你们的每一个笑容!

最后,我由衷地感谢我的家人及女朋友,正是由于你们对我研究生学习的理解和支持,我才能顺利的完成博士论文的研究工作。

周小卫